数字のプロ・公認会計士がやっている 一生使えるエクセル仕事術

大是文化

大師級 Excel 取巧工作術

一秒搞定搬、找、換、改、抄，
資料分析一鍵結果就出來，
對方秒懂、服你專業。

日本國家認證、曾服務於全球四大之一
普華永道PwC Arata會計師事務所
望月 實、花房幸範◎著

邱惠悠◎譯

推薦序一 專業人士的基本功／鄭惠方 007
推薦序二 不只教你 Excel，更訓練思考、分析／蘇書平 009
前　　言 頂尖事務所幫我練就的本事 011

第一部
消滅低級錯誤的 Excel 技巧，
「啊……不小心錯了」會毀了你一切努力 019

第一章　一秒搞定搬、找、換、改、抄，絕不出錯 021

1 常常要用的功能，都拉到快速存取工具列 022
2 用 Ctrl 快捷鍵，搬、找、換、改一次搞定 025
3 更快、更不出錯的複製貼上 032
4 工作表並排顯示，資料抄錄不出包 036
5 表格欄位裡一大堆字？下拉式清單一秒寫完 039
6 瞬間找到所需表單，滑鼠不必按到手痠 044
7 用不到的功能都收起來，視野變大 046

第二章　印表不能像謎底揭曉，版面一次漂亮做好 049

1 攝影功能，框起來的區域全給我照樣印 050
2 資料幾千筆，表頭在哪裡？用凍結視窗 053

CONTENTS

3 頁頁有表頭不必頁頁排，設定自動印出來 056
4 怕格式跑掉？防止竄改？另存 PDF 061
5 詳細到個位數，反而瑣碎不專業，用約 063
6 用 Excel 畫整齊排列的流程圖！ 069

第三章　防止白做工的 Excel 技巧 075

1 資料驗證功能，費用申請不出錯 076
2 防止錯誤變更，用活頁簿保護 080
3 不怕當機、停電，設定自動儲存功能 084
4 防止手殘毀了藏在儲存格裡的公式 085
5 參透別人的 Excel 祕招，這樣找 088
6 順藤摸瓜，找出別人的資料來源 091
7 表格裡有啥不喜歡的？用取代一次換掉 097

第四章　資料分析一鍵結果就出來，不必手工抓 101

1 讓異常資料跳出來——設定格式化條件 102
2 輸入數字立刻算好，用公式別按計算機 105
3 最後一欄加總？公式別一一複製，瞬間套用 113
4 把符合條件的資料，抓出來加總：SUMIF 115
5 幾種條件都符合才加總：SUMIFS 120
6 數據貼上樞紐分析表，瞬間完成分析 126

第二部
應用剛學到的基本功，一秒晉升專業人士 131

第五章　一看就懂的高質感報表製作技巧 133

1 世界共通的顧問級報表架構 135
　① 使用世界共通的標準格式製作資料 135
　② 利用參考標記，讓上下檔案連結貫通 136
　③ 由他人預覽確認，達成情報共享與教育訓練 140

2 報表格式一看就懂，人家才知道你做了什麼 143
　① 製作容易理解來龍去脈的檔案 143
　② 加入工作簿構成圖，檔案關聯性更明確 147
　③ 格式要盡量簡潔 149
　④ 記載檔案來源或出處 150
　⑤ 在頁尾加註檔案名或工作表名稱 150
　⑥ 使用容易搜尋的檔案名稱 151
　⑦ 將不需要的工作表隱藏 152

3 防錯、防呆五要點，報表凸顯聰明 154
　① 在加總行列前插入「備用行」及「備用列」 155
　② 確認行、列的加總結果是否一致 157
　③ 公式必須盡量簡短 158
　④ 製作工作項目一覽表及確認項目明細表 160
　⑤ 標記參考資料編號，同時確認數字連結是否正確 161

CONTENTS

第六章　用 Excel 內建基礎函數，一天晉升專業菁英 163

1 自動算好費用精算表，要老闆嘖嘖稱奇 164
　① 規畫設計圖 164
　② 製作基礎樣板 165
　③ 加入函數及公式 166
2 拉出兩張表來比較，這分析夠專業 178
　① 製作 B/S、P/L 預估表時的重點 178
　② 使用 HLOOKUP 函數製作自動比較表 180

第三部
專業的報表：
你幾乎不用預演簡報，秀出來對方秒懂 187

第七章　專業是讓對方秒懂，不是哪裡不懂歡迎提問 189

1 「說了你也不懂」，不夠專業才這麼說 190
2 知識共享或經驗傳承，都需要格式相通 193
3 說明時掌握三個重點，對方容易理解 195

第八章　這樣報告，一聽就懂，一看就明白 197

1 報告的準備方式 198

① 讓目標明確，並審慎篩選必要情報 199

② 製作構成圖，重新整理你要表達的內容 200

③ 畫出分歧圖，思考什麼樣的說法更有說服力 202

④ 讓對方得以想像、並在腦海中產生概念 205

⑤ 配合說明對象，用不同的方法以數字說明 206

⑥ 發出聲音把資料唸出來 209

⑦ 持續調整，再次篩選對方需要的情報為何 209

2　用案例來學習 211

① 依據增減狀況分析、確認數字 211

② 擷取說明重點 213

③ 蒐集資料，佐證你的論點 214

④ 事前演練並製作補充資料 216

⑤ 正式上場 217

3　一流日商、外商的報表釋例 218

① 日本軟銀：用簡單的簡報資料說故事 219

② 樂天：用英語策略擴大事業版圖 221

③ 任天堂：僅用純文字就能詳細說明內容 224

④ Recruit：使用易懂的圖表說明商業模式 225

⑤ LAWSON：在報告書中呈現可循環的企業價值 228

後　　記　見樹又見林的工作技術 231

推薦序一
專業人士的基本功

惠譽會計師事務所主持會計師　鄭惠方

　　企業的經營管理或組織分工，不外乎生產、行銷、人才、研發、財務、資訊管理等「產銷人發財資」六個面向，而現在不論身處哪個專業領域或部門，日常工作都難免需要整理數據資料，並加以分析及應用。

　　業務行銷人員必須統計、分析業績目標達成率或行銷效益；生產部門人員必須計算生產良率；財務會計人員的工作更是每天與數字為伍，這些數據分析應用最常見的工具，就是 Excel。善用 Excel 有效達成工作目標，已經是各個領域專業人士應具備的基本功。

　　本書作者望月實及花房幸範，曾任職於日本普華永道 PwC Arata 會計師事務所，每個月都要做出「國際標準」的工作報告給數百家客戶，日常工作中需要執行大量的檔案分析，並製作成簡單易懂的資料，再向主管或客戶溝通說明。國際級會計師事務所的工作量相當繁重，在這種情況下，具備能夠縮短工作及溝通時間的 Excel 技巧，就變得無比重要。

　　以我本身為例，我每天的工作都須接觸 Excel，是否熟悉一些使用上的小撇步，就會直接影響工作效率。整理、分析、拆解、組織、圖解各類數據，都需要深入了解 Excel 的各種功能，才能事半功倍。還記得我先前在管理顧問公司工作時，有幾位同事的 Excel

知識及技巧非常高超，我常與他們互動切磋，從中學習到許多原本我不知道的 Excel 運用方式及功能，不但讓我提高工作效率，也因此讓我了解 Excel 的博大精深！

很高興兩位作者願意分享在國際級會計師事務所中，應用的 Excel 技巧及溝通技巧，實際上，PwC 在臺灣的合作夥伴「資誠聯合會計師事務所」亦為我的前東家，能夠搶先閱讀由同為 PwC 之友撰寫的作品，對我而言倍感親切。此外，我目前除了常應邀對外講授會計及稅務法規外，也在大學指導學生 Excel 實作課程，因此本書也提供我很好的授課教材。

然而，Excel 畢竟只是個工具，**善用 Excel 分析資料、應用及溝通，進而達成工作目標**，才是專業人士應該追求的結果。有別於坊間其他 Excel 書籍，這本《大師級 Excel 取巧工作術》不拘泥於函數或各項功能的使用說明，更涵蓋了許多資料簡報與情報共享的技巧，不僅是 Excel 的操作手冊，更是最佳職場工作指南，我很樂意推薦。

本文作者鄭惠方，現任惠譽會計師事務所主持會計師，同時為臉書「艾蜜莉會計師的異想世界」版主，並擔任新創總會、臺北市政府、新北市政府、工研院、資策會及各大金融保險機構之講師。

推薦序二
不只教你 Excel，更訓練思考、分析

先行智庫／為你而讀執行長　蘇書平

　　收到《大師級 Excel 取巧工作術》的樣稿時，我馬上就被兩位作者出身於普華永道會計師事務所的專業背景吸引。有別於一般 Excel 書籍常遇到的問題——內容過度強調華麗的技巧或公式，且目標族群大多偏向資訊人員，你手上這本《大師級 Excel 取巧工作術》，以實際在工作上會遇到的問題為主，逐一對症下藥、提供解決良方。

　　例如，書裡教你如何利用各種 Excel 小撇步提高工作效率，並透過表單設計，把資料變成對內、對外都有效的溝通工具；書末甚至以樂天及任天堂等多家日商公司的 IR 報表為例，與讀者分享如何吸引投資人上門。

　　會計師是一門很嚴謹的職業，這本書的第一個特點，就是利用很多會計業務上的實際案例，說明如何透過 Excel 的內建快速鍵、檢核功能、函數統計及公式，快速檢查和設計你的財務報表。再者，我覺得最棒的是，作者談到如何利用 Excel 提高企業內部情報共享的效率及透明度，這是和其他類似書籍最大的不同之處。

　　在企業內部，財務風險管理是一個非常重要的指標，作者藉由淺顯易懂的方式，帶讀者透過 Excel 了解何謂「資產負債表」和「應收款項明細表」。財務風險管理是門很複雜的學科，作者以實際企業的組織架構和功能，說明當你在不同的組織工作中，應該如

何利用 Excel 報表，讓自己的主管及不同部門的人，更容易了解你的想法，以達有效溝通的目的。

另外，會計師需要管理很多專案和費用，這也是我過去在職場上很常遇到的問題。我曾經管理過一千張以上的專案合約，以及超過數億元的業績營收。那時我必須反覆確認好幾張 Excel 報表，才能分析出專案管理的瓶頸和費用結構，但作者分享了如何透過 Excel 內建函數及參照等功能，讓你可以快速在一張 Excel 報表裡掌握部門經營管理的全貌，並以最清楚的方式對外說明，這對公司的營運非常有幫助。各位若能善用書裡的各種技巧，相信必定可以提升職場競爭力。

在這本書的最後，作者提供了不少簡報的小技巧，並告訴你如何透過客觀的數據回應與會者的質詢，這些都是我在創業之前，每天必須上演的真實劇碼。因此，對我而言，這本書不光教你如何使用 Excel，更重要的是訓練你的思考和分析能力，絕對值得各位放在案前收藏。

本文作者蘇書平，現任先行智庫／為你而讀執行長，臺灣第一位Excel5.0認證者。曾任微軟資深業務應用經理、VMware資深通路業務商業開發經理等，擁有十八年以上的高科技經驗。目前致力於數據分析與商業轉型相關領域的知識推廣，同時擔任台灣多家上市櫃公司數位轉型顧問。

前言
頂尖事務所幫我練就的本事

　　我於 1997 年通過國家會計師認證的第二次考試（譯註：日本的公認會計師考試分為兩部分：短答試驗〔四科〕及論文試驗〔六科〕，要先通過短答試驗考試合格後，才能參加論文試驗），之後，順利進入青山監查法人（譯註：現已改名為普華永道 PwC Arata 會計師事務所。PwC 為 PricewaterhouseCoopers Arata LLC 的簡稱，中文名為普華永道，日本四大監查法人〔會計師事務所〕之一，在臺灣的合作夥伴是「資誠聯合會計師事務所」〔PwC Taiwan〕）。

　　在職期間，我在審計及諮詢等工作中，累積了許多經驗，其中幫助最大的，就是各種可用來取巧的 Excel 工作技術。儘管當時我所學到的會計標準等專業知識，現在可能已有些跟不上時代，但活用 Excel 各種功能及資料簡報的技巧，至今仍然十分管用，說這是一生受用的工作術，一點都不誇張。

　　像 PwC 這樣的事務所（普華的業務涵蓋商務、法律事務所、會計、企管顧問），都是以專案為單位執行任務。耗時間較短的專案，大概只需要幾天的時間；歷程較長的案子，則往往需要好幾個月才能完成。因此，一旦工作交辦下來，我就必須在最短時間內處理完畢。我大部分的工作內容為資料分析，之後再將分析完成的資料做成簡單易懂的簡報，並以容易理解的方式向主管或客戶說明。在這樣的情況下，我所學會的，就是能縮短工作及溝通時間的 Excel 取巧工作術（見下頁圖一）。

■圖一　在普華永道磨練出來的大師級 Excel 取巧工作術

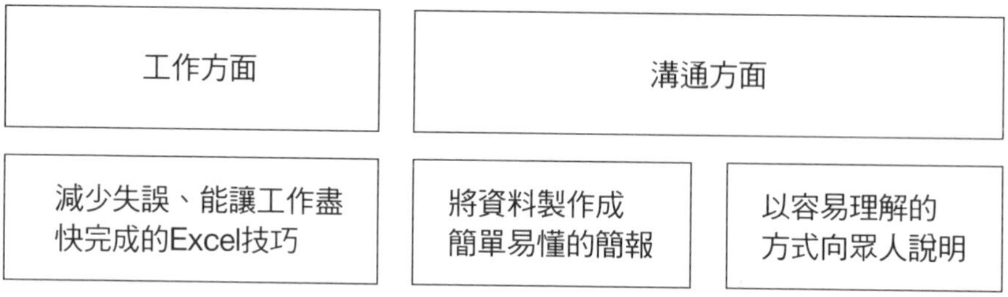

工作方面	溝通方面	
減少失誤、能讓工作盡快完成的Excel技巧	將資料製作成簡單易懂的簡報	以容易理解的方式向眾人說明

頂尖事務所讓我學到的招數

　　我剛進公司時，主要工作是執行大量的檔案分析，並製作參考資料。除了購買許多與 Excel 有關的書籍外，我也會和公司裡的前輩或同事分享 Excel 的各種小撇步，因此我學到了許多能減少失誤、讓工作盡快完成的取巧工作術。每當學到一個新功能，我就會暗自怨嘆「要是早點知道就好了」，原來 Excel 有這麼多便利的招數，還挺有趣的。

　　分析完大量數據後，我們必須將分析結果，整理成簡單易懂的參考資料。此時最重要的，是要確實了解這些資料，將來會被運用在何處，並依其運用的方式製作簡單易懂、合乎邏輯的簡報。我還記得當時常被主管責備：「你的簡報亂七八糟，我看不懂，先拿回去調整。改得更容易理解一點。」就在反覆修正的磨練下，我漸漸培養出這樣的能力。

　　簡報製作完成後，接著要抓出重點、以條理清晰的方式說明。一般的公司，主管與部屬都會在同一間辦公室工作；但在會計師事

務所裡，基層員工必須在客戶的公司駐點，一星期大概只有一天能與公司主管碰面。雙方平時的溝通大多仰賴電子郵件、電話及視訊會議等方式，如果不能在短時間內明確說明問題何在，主管就會立刻發難：「你報告前沒有準備嗎？我可沒這麼多時間聽你廢話。」在經過幾次慘痛的經驗之後，我學會了如何利用最短的時間，清楚說明對方需要知道的情報。

情報得能共享，別人才明白你做了什麼

在以承接專案數量決勝負的會計師事務所裡，有一個特殊的文化：每一個員工都必須將腦中的各種情報（隱藏在腦中的經驗知識），以資料簡報的形式對外公開、和其他人共享。

PwC 在世界上 175 個國家當中，總共擁有 20 萬 8,000 多名員工，是一家執行審計、稅務核銷、諮詢等的國際性事務所，其組織架構及執行業務的方式，與諮詢顧問公司差不多。

要在短時間內將情報與他人共享，關鍵在於謹慎選擇對方需要知道的情報內容（對方不需知道的，講再多也沒用），每個人需要知道的訊息，會因為公司組織內不同的職位階級而有所差異。以下先替各位介紹會計師事務所的組織架構（以專案為單位執行工作），以及情報共享的運作機制（見下頁圖二）。

■圖二　會計師事務所的情報共享系統

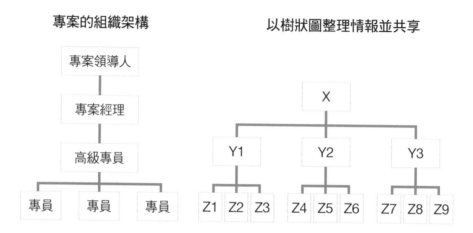

請各位先看圖二的左半部。一般來說，一個專案團隊，由擁有專案領導職責的領導人、負責與客戶溝通協調的經理、管理現場的高級專員（Snr）以及執行實務工作的專員（Stf）等四個階層構成。最底層的專員一次只負責一家客戶，高級專員則必須同時負責2～3家客戶；經理負責5～8家；而位於最高層的專案領導人，有時必須同時負責10家以上客戶。在這樣的組織架構中，階級越高的主管，負責的客戶數量也越多，因此底下的人如果沒能在短時間內提供必要情報，上頭的工作就無法順利運作。

為了有效率的共享情報，會計師事務所會將各種情報以樹狀圖分析整理（見圖二右半部），好讓任何人都能在最短時間內，取得自己需要的資料。首先，在第一線執行實務工作的（基層）專員，要分析客戶的商務往來或財務狀況，並製作詳細記載了所有情報的資料（即圖二中的「Z1」、「Z2」、「Z3」等基層情報）。

　　接著，負責管理現場的高級專員，必須在確認這些資料之後，從中找出最重要的幾個項目，製作出「Y1」、「Y2」、「Y3」的概要情報（但當基層專員人數不足，或內容難度較高時，必須由高級專員自行製作基層情報）。之後高級專員再利用概要情報，向專案經理簡要說明分析後的結果。

　　最後，專案經理再從概要情報中，節錄出特別重要的部分，製作成最精簡的「X」情報，再與領導人討論及彙整資料。我任職於PwC時，曾以專員及高級專員的身分，製作過上千頁的資料，因此將情報以樹狀圖分析、彙整的技巧是我的看家本領，具體的做法，我會在後續的章節說明。

你可以從這本書裡學到⋯⋯

　　這本書的目標是讓讀者學會一看就懂的 Excel 工作術，由三部分構成（見圖三）。

■圖三　可以在本書學習到的內容

大師級 Excel 取巧工作術

消滅低級錯誤的 Excel 技巧

應用剛學到的基本功，一秒晉升專業人士

專業報表幾乎不用預演簡報，秀出來對方秒懂

　　在第一部裡，我會說明各種可提高工作效率、消滅低級錯誤的 **Excel 技巧**。第一章〈一秒搞定搬、找、換、改、抄，絕不出錯〉，會介紹各種快捷鍵的使用方法，以及如何從大量工作表單中，快速找出需要的工作表等。第二章〈印表不能像謎底揭曉，版面一次漂亮做好〉，將介紹各種（隱藏版）功能，好讓版面可照你想要的樣子呈現。

　　在第三章〈防止白做工的 Excel 技巧〉中，會介紹如何使用取代功能，刪除不要的空格。在第四章〈資料分析一鍵結果就出來，不必手工抓〉中，會說明如何使用「設定格式化的條件」等技巧，提升資料統計及分析的效率。

　　第二部將介紹，如何應用在第一部中學到的技巧，製作一目了然且方便使用的資料。**一份 Excel 文件有無質感**，關鍵並不在於你用了多麼高難度的函數或是巨集（Marco）功能，而是表現在你思考之後的呈現方式、是否善用各項數據妥善安排簡報流程，而表達能力的高低，也是你決勝負的關鍵。

　　在第五章〈一看就懂的高質感報表製作技巧〉中，我會向各位介紹可有效共享情報的 Excel 製作方式。在說明「與合作夥伴共享情報的技巧」後，再示範如何製作一目了然且方便使用的資料。而在第六章〈用 Excel 內建基礎函數，一天晉升專業菁英〉中，將實際活用本書傳授的各種知識，教大家操作費用精算表、結算預估表及比較表。

　　在第三部中，我會說明**如何將自己在腦中思考的事情，以簡單且合乎邏輯的方式向他人說明**。在書店的商業應用書籍區裡，應該都是有關「表達的技巧」、「簡報入門」及「簡單易懂的報告技

術」等書籍。這類型的書之所以暢銷，我想是因為與過去相比，有越來越多人不知道該如何有效的與他人溝通。因此，在第七章〈專業是讓對方秒懂，不是哪裡不懂歡迎提問〉中，我會分析現代人的溝通困境，並介紹「以容易理解的方式向他人說明自己想法」的三個重點。

而在第八章〈這樣報告，一聽就懂，一看就明白〉中，我會介紹如何製作具有說服力的簡報，並以軟銀（SoftBank）、樂天、任天堂等 5 家一流日商企業的 IR（Investor Relations，即投資人關係）簡報為例，說明若想明確表達自己的思考內容，該如何整理並準備各項資料。

所謂質感，其實是從「手感」中衍生出來的。儘管本書大部分內容為財務人員在研習營裡的學習講義（在某些程度上，需要具備基本的會計知識），但由於都是很基本的方法，因此對於大部分的商業人士而言，閱讀本書應該能有很大的幫助。如果這本書能協助各位提升在商業活動上的能力，將是我最高興的事。

特別說明

有關本書說明的各項內容，皆以 2015 年 11 月 時的版本為主，使用的電腦為 Windows7 系統，軟體為 Excel 2013。由於軟體版本時常更新，因此本書的說明和實際使用狀況可能略有出入。另外，本書記載的公司及商品名稱（包括其註冊商標），其版權皆為該公司所有。

第一部

消滅低級錯誤的Excel技巧，
「啊……不小心錯了」
會毀了你一切努力

第一章

一秒搞定搬、找、換、改、抄，絕不出錯

　　Excel 雖然功能多，但一般工作上會用到的，大抵不脫那幾種。因此，如果能將頻繁使用的功能加入快速存取工具列，或是熟悉幾個可快速開啟該功能的快捷鍵，就能大幅提升工作效率。此外，當你知道如何使用下拉式清單，或學會讓兩張工作表並排顯示的方法，也可加快輸入資料的速度。因此，在第一章，我將說明可讓工作更有效率的 Excel 取巧撇步。

1. 常常要用的功能，都拉到快速存取工具列
2. 用 Ctrl 快捷鍵，搬、找、換、改一次搞定
3. 更快、更不出錯的複製貼上
4. 工作表並排顯示，資料抄錄不出包
5. 表格欄位裡一大堆字？下拉式清單一秒寫完
6. 瞬間找到所需表單，滑鼠不必按到手痠
7. 用不到的功能都收起來，視野變大

1

常常要用的功能，都拉到快速存取工具列

　　Excel 2007 之後的版本，其介面皆採「功能區最小化」的顯示方式，將不同的功能，分類至「檔案」、「常用」、「檢視」、「版面配置」等功能索引頁籤底下。這樣的原始設定其實不是很方便，許多功能都必須先點開層層分類才能使用。例如要列印時，必須從「常用」切換至「檔案」頁籤，再選擇「列印」，非常麻煩。但只要使用「快速存取工具列」，這類操作只需點擊一次滑鼠就能完成。

　　點選快速存取工具列右側的 ▼ 符號，「自訂快速存取工具列」的選項就會展開（見圖一）。勾選其中的「預覽列印和列印」，就可在快速存取工具列中新增該功能的圖示，之後只要點擊此圖示，

■圖一　設定快速存取工具列

便能快速啟動列印功能。

　　此外，如果選擇「其他命令」，可叫出「Excel 選項」的功能設定方塊，可以在此將需要的功能加入快速存取工具列（見圖二）。我建議各位追加的有「攝影功能」（見第二章）、「選取物件」及「框線」等功能。

　　自訂快速存取工具列，不只適用於 Excel 系統，也可應用於Word 或是 PowerPoint 等軟體。以我個人為例，我就在 Word 的快速存取工具列中，加入「插入分頁與分節符號」或是「圖案」等功能，來提升工作效率。

■圖二　「Excel 選項」的功能設定方塊

　　另外，我們也可將索引頁籤內的任一功能，加入快速存取工具列裡。步驟如下：先將滑鼠游標移動到欲追加的功能的圖示上，接著按下右鍵，就會出現捷徑選項，選擇「新增至快速存取工具列」（見圖三）就可以了。

■圖三　將「版面配置」底下的「對齊」功能加入快速存取工具列

2 用Ctrl快捷鍵，搬、找、換、改一次搞定

使用 Excel 時，經常會重複操作複製貼上、插入或刪除行與列、移動工作表等步驟。為提高使工作效率，以下介紹三種可加快作業的快捷鍵使用方法。

① 使用頻率較高的快捷鍵

■圖一　使用頻率較高的快捷鍵

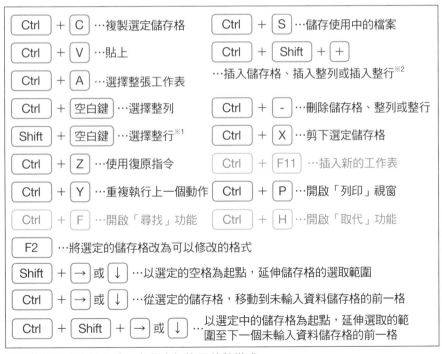

Ctrl + C …複製選定儲存格	Ctrl + S …儲存使用中的檔案
Ctrl + V …貼上	Ctrl + Shift + +
Ctrl + A …選擇整張工作表	…插入儲存格、插入整列或插入整行[2]
Ctrl + 空白鍵 …選擇整列	Ctrl + - …刪除儲存格、整列或整行
Shift + 空白鍵 …選擇整行[1]	Ctrl + X …剪下選定儲存格
Ctrl + Z …使用復原指令	Ctrl + F11 …插入新的工作表
Ctrl + Y …重複執行上一個動作	Ctrl + P …開啟「列印」視窗
Ctrl + F …開啟「尋找」功能	Ctrl + H …開啟「取代」功能

F2 …將選定的儲存格改為可以修改的格式

Shift + → 或 ↓ …以選定的空格為起點，延伸儲存格的選取範圍

Ctrl + → 或 ↓ …從選定的儲存格，移動到未輸入資料儲存格的前一格

Ctrl + Shift + → 或 ↓ …以選定中的儲存格為起點，延伸選取的範圍至下一個未輸入資料儲存格的前一格

※1 若使用注音輸入法，必須先切換至英數模式。
※2 如果從完整鍵盤進行輸入操作，則要輸入「Ctrl＋Shift＋＋（加號）」，若單獨使用右側數字鍵盤，則輸入「Ctrl＋＋（加號）」即可。

　　上頁圖一的「Ctrl＋Shift＋→或↓」不是很容易理解，但利用這個快捷鍵，可在短時間內完成廣域範圍的資料選取。

　　請各位先看圖二，選定「D3」（970），並按下「Ctrl＋Shift＋↓」，所有已經輸入數字資料的儲存格便能同時被選取。接著，Excel 檔案的右下角，會出現所有選取範圍的統計結果，顯示「平均值 1,469」、「項目個數 24」、「加總 35,260」等有關選取範圍的數字資料（見圖三）。

　　當你輸入「Shift＋↓」，選定的儲存格及下一個儲存格會一起被選取；另外，如果輸入「Ctrl＋↓」，則會從選定的儲存格，移動到下一個空白儲存格的前一格（也就是本欄資料的最底下一格）。如果輸入這兩個快捷鍵的組合「Ctrl＋Shift＋↓」，則會從選取的儲存格開始，將所有已輸入數字的儲存格全部選取，當你必須統計大量的數字時，可利用這個快捷鍵縮短選取欲統計範圍的時間。

■圖二　「Ctrl＋Shift＋→或↓」的使用方式

	A	B	C	D
1				
2		道都府縣	事業所名稱	營業額
3		東京都	銀座營業所	970
4		茨城縣	筑波營業所	1,450
5		東京都	六本木營業所	1,910
6		東京都	東京營業所	2,300
7		茨城縣	水戶營業所	1,130
8		青森縣	弘前營業所	1,010
9		神奈川縣	橫濱營業所	1,560
10		北海道	札幌營業所	1,090
11		埼玉縣	熊谷營業所	1,530
12		東京都	品川營業所	1,720
13		福島縣	郡山營業所	1,060
14		埼玉縣	大宮營業所	1,290
15		神奈川縣	川崎營業所	1,830
16		岩手縣	北上營業所	1,490
17		千葉縣	銚子營業所	1,370
18		北海道	小樽營業所	1,330
19		東京都	八王子營業所	1,870
20		神奈川縣	葉山營業所	1,600
21		東京都	王子營業所	1,250
22		宮城縣	仙台營業所	1,640
23		埼玉縣	清和營業所	1,210
24		群馬縣	前橋營業所	1,800
25		栃木縣	宇都宮營業所	1,170
26		千葉縣	富津營業所	1,680

■圖三　統計結果

平均值:1,469　　項目個數:24　　加總:35,260

② 學會這些進階版快捷鍵，工作更方便

■圖四　進階版的快捷鍵

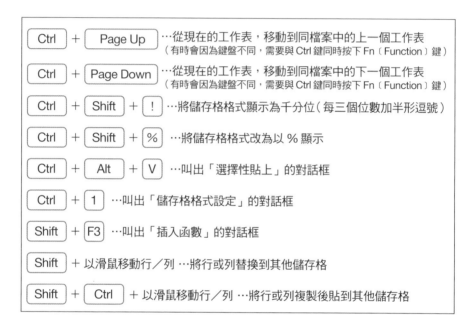

上方圖四的「按下 Shift 同時以滑鼠移動行／列」及「按下 Shift ＋Ctrl 同時以滑鼠移動行／列」這兩部分可能比較不容易理解，以下詳細說明。例如，製作下個月的試算表時，想變更「往來存款」與「零用金」的排列順序（見圖五），此時，只要選取零用金這列，並同時按著 Shift，以滑鼠拉著邊框，向上拖曳到往來存款這列，就能變更零用金與往來存款的排序（見圖六及圖七）。或者，按著 Shift ＋Ctrl 進行同樣的操作，就能像第 30 頁圖八一樣，於表格中新增一列零用金，之後再將原本的零用金列刪除即可。

■圖五　零用金與往來存款的排列順序錯誤

	A	B	C	D
1				
2		會計科目	統計科目	2012/3
3		現金	現金／存款	80
4		往來存款	現金／存款	1,200
5		零用金	現金／存款	150
6		活期存款	現金／存款	1,850
7		定期存款	現金／存款	500

■圖六　選取零用金列，同時按 Shift，以滑鼠拖曳到往來存款列

	A	B	C	D
1				
2		會計科目	統計科目	2012/3
3		現金	現金／存款	80
4		往來存款	現金／存款	1,200
5		零用金　B4:D4	現金／存款	150
6		活期存款	現金／存款	1,850
7		定期存款	現金／存款	500

以滑鼠拉著邊框，
向上拖曳

■圖七　成功調整零用金及往來存款的排序

	A	B	C	D
1				
2		會計科目	統計科目	2012/3
3		現金	現金／存款	80
4		零用金	現金／存款	150
5		往來存款	現金／存款	1,200
6		活期存款	現金／存款	1,850
7		定期存款	現金／存款	500

■圖八　於表格中新增了一列零用金

	A	B	C	D
1				
2		會計科目	統計科目	2012/3
3		現金	現金／存款	80
4		零用金	現金／存款	150
5		往來存款	現金／存款	1,200
6		零用金	現金／存款	150
7		活期存款	現金／存款	1,850
8		定期存款	現金／存款	500

③ 超方便的 Alt 鍵操作方式

按下 Alt 鍵後，你會發現快速存取工具列上出現數字，而功能索引頁籤上則出現英文字母（見圖九），此時就可以從鍵盤上直接選取需要的功能。在圖九的狀態下，點選鍵盤上的「M」，可叫出「公式」的頁籤，接著，我們同樣可用鍵盤選取「公式」頁籤底下所顯示的各種功能（見圖十）。

■圖九　按一下 Alt 鍵，可顯示各索引標籤對應的英文字母

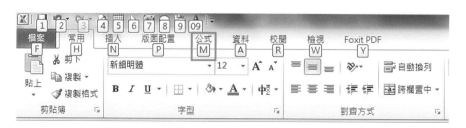

■圖十　選擇「公式」頁籤

想快速熟記快捷鍵的最佳方法，就是每天使用 Excel 時，試著以快捷鍵取代滑鼠操作。例如當你企圖不用滑鼠替電腦關機時，其快捷鍵就是「Win→↓→Enter」（按下 Windows 鍵後，會出現「開始」的功能選項方塊。之後按↓鍵，可選擇位在最下方的關機功能選項，最後按下 Enter 鍵即可關機）。另外在微軟的網站上，也有更多快捷鍵的詳細介紹，有興趣的人，不妨瀏覽本頁右下方的網頁。

鍵盤快捷鍵一覽

3 更快、更不出錯的複製貼上

要將 Word 或是 PowerPoint 等應用程式的資料貼到 Excel 檔時，如果使用直接貼上的方式，那麼在其他應用程式裡設定字型或字級，會直接被複製過來，導致 Excel 的格式大亂。為了避免這種狀況，我們需要採用選擇性貼上當中「以純文字形式貼上」的功能。以下說明如何快速執行這樣的操作。

① 使用重複操作（Ctrl+Y）執行貼上

想要以純文字形式貼上資料時，可透過快捷鍵簡化步驟。在開啟其他應用程式檔案的狀態下，點選想要複製的範圍後，按下「Ctrl＋C」，再到 Excel 檔案選取欲貼上資料的儲存格，同時按下「Ctrl＋Alt＋V」，可叫出「選擇性貼上」的功能方塊，接著點選「文字」後再按「確定」即可（見圖一）。

■圖一　將其他應用程式的資料以純文字形式貼上

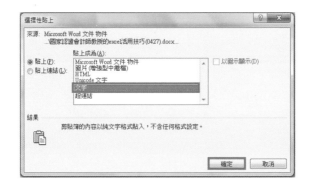

　　複製其他應用程式的內容到 Excel 來時，常會需要反覆選取好幾個不同的內容來回操作。在這樣的情況下，只要按下「Ctrl＋Y」（重複執行上一個動作）這個快捷鍵，就能以和上一次操作相同的方式貼上資料。

② 在自訂快速存取工具列上新增功能圖示

　　若你想更輕鬆的使用「選擇性貼上」功能，可將經常使用的幾個模式，新增至自訂快速存取工具列。在最上方的索引標籤按下右鍵，可選取「自訂快速存取工具列」，此時頁面就會顯示「Excel 選項」的功能設定方塊（見圖二）。

■圖二　「Excel 選項」的功能設定方塊

　　從「由此選擇命令」中，選取「所有命令」，再從下方視窗列表中，選擇「貼上並保持儲存格格式」，接著點選「新增」、按下「確定」，就能將此功能增加到自訂快速存取工具列中。

　　「貼上並保持儲存格格式」能讓被複製貼上的資料，保持原來的格式，之後當你使用貼上功能時，便無須在意複製來源的檔案格式為何，不論字型、字級或顏色等，都能完整複製到 Excel 中。

③ 使用快捷鍵，讓輸入速度加快

　　執行完②的操作後，在自訂快速存取工具列中，就會顯示出「貼上並保持儲存格格式」的圖示（見圖三）。這時，使用滑鼠游標直接點選該圖示，是最簡單的做法，但如果你按 Alt 鍵，就會像圖四一樣，在快速存取工具列上，出現各功能相對應的數字。圖四中「貼上並保持儲存格格式」功能所對應的數字是「9」，當你在鍵盤上按下 9，也可使資料以原本的格式貼上。

■圖三　「貼上並保持儲存格格式」已顯示於快速存取工具列

■圖四　按下 Alt 鍵後，可顯示與各功能相對應的數字或英文字母

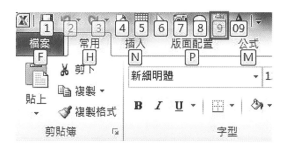

4 工作表並排顯示，資料抄錄不出包

　　在製作 Excel 資料時，有時會需要用到同一個檔案中，不同工作表裡的資料訊息，但如果每次都要切換工作表才能輸入資料，就會浪費不少時間。因此本節要說明，如何將兩個工作表並排顯示，且自動傳輸數據的方法，使資料輸入更加輕鬆。

① 開啟新視窗

　　點選「檢視」索引標籤底下的「開新視窗」功能（見圖一），螢幕上會出現另一個完全一樣的 Excel 檔。

■圖一　開啟新視窗

② 讓視窗並排顯示

點選「檢視」索引標籤底下的「並排顯示」，會出現「重排視窗」的選項方塊；點選「磚塊式並排」之後，再點選「確定」即可（見圖二）。

■圖二　點選「並排顯示」後，選擇「磚塊式並排」

③ 將工作表並列顯示，輸入資料更輕鬆

此時，同一個檔案的不同張工作表，就會在第一視窗及第二視窗並列顯示。在第二視窗中叫出需要輸入的數據資料的工作表（見下頁圖三），並在第一視窗中的「G11」儲存格（待輸入資產淨值

數據的儲存格）中，輸入「＝」，並在第二視窗中選擇「F86」儲存
格（已輸入資產淨值合計的儲存格），所需訊息就會自動傳輸進來。

■圖三　將工作表並列顯示，並選取自動輸入範圍

（第一視窗）　　　　　　　　　（第二視窗）

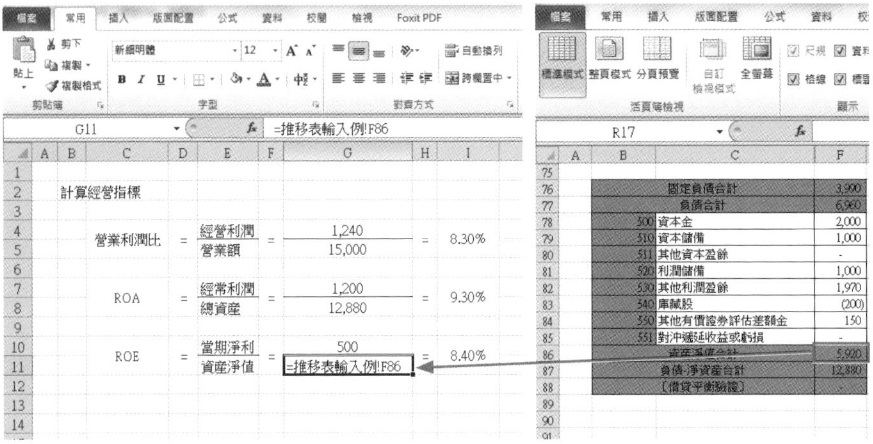

5 表格欄位裡一大堆字？下拉式清單一秒寫完

　　使用 Excel 製作工作表時，常遇到需要重複輸入好幾次相同內容的狀況。此時如果能使用下拉式清單就方便多了。以下以①樣本的製作方式、②下拉式清單的製作方式，這兩個部分說明操作重點。

① 樣本的製作方式

（1）樣本製作

　　製作下拉式清單時，必須先有一個可供複製的樣本，把你想顯示的內容全輸入進去。下方圖一就是報銷費用申請單的樣本。

■圖一　報銷費用申請單的樣本

（2）為欲顯示在下拉式清單中的範圍命名

先選取想要顯示在下拉式選單中的範圍（即下方圖二中的「B4」到「B31」儲存格）。接著在「公式」頁籤中選擇「名稱管理員」並點選「新增」。在顯示為「新名稱」的方塊中的「名稱」欄位內輸入「支出項目」，最後再點選「確定」，就會回到一開始的「名稱管理員」功能選項方塊，再按「關閉」即可。

■圖二　替選取範圍命名

（3）確認選擇範圍

接著要確認步驟（2）中已經輸入名稱的範圍是否正確。首先，請隨意點選任何一個儲存格，以便取消剛剛在步驟（2）的操作時所選取的範圍。之後請點選名稱方塊右邊的「▼」（見圖三），就會出現目前為止各項已命名的選取範圍名稱。從中選取「支出項目」後，就可檢查選取範圍是否正確。

■圖三 確認新增名稱的選取範圍是否正確

支出項目		fx	電車/巴士費		
支出項目	B		C	D	E
會計科目					
2	報銷費用項目一覽表				
3	支出項目		會計科目		
4	電車/巴士費		差旅費		
5	計程車費		差旅費		
6	飛機票		差旅費		
7	其他交通手段的交通費		差旅費		
8	出差日支津貼		差旅費		
9	汽車燃料費		差旅費		
10	停車場費用		差旅費		
11	郵票支出		郵電費		
12	宅急便等快遞費用		郵電費		
13	行動電話費		郵電費		
14	購買信封費用		郵電費		
15	其他郵電費		郵電費		

② 下拉式清單的製作方式

(1)設定下拉式清單的輸入範圍

　　另外選取欲設定下拉式清單的範圍後,點選「資料」底下的「資料驗證」,並從功能選項中,點選「資料驗證」(見圖四)。

■圖四 設定輸入範圍後,從「資料驗證」叫出設定方塊。

（2）設定下拉式清單的選項來源

在資料驗證的設定方塊中，「儲存格內允許」底下的選項裡，選取「清單」，並在「來源」處輸入來源名稱「=支出項目」，最後點選「確認」（見圖五）。需要特別注意的是，在輸入「=支出項目」時，「＝」一定要用半形格式。

■圖五　設定下拉式清單的選項來源

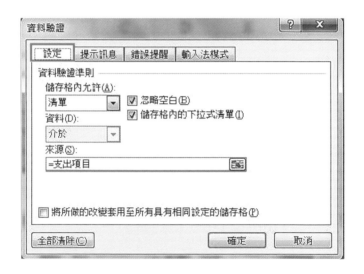

（3）從下拉式清單中選取項目

完成上述操作後，點選設定下拉式清單範圍內的任何一個儲存格，其右側會出現「▼」的下拉式符號（見圖六）。點選「▼」符號，就會出現之前以「支出項目」登錄的各種選項，直接從中選取即可。

■圖六 從下拉式清單中選取各種選項

	A	B
1		
2		支出項目
3		
4		電車/巴士費
		計程車費
5		飛機票
		其他交通手段的交通費
6		出差日支津貼
		汽車燃料費
7		停車場費用
8		郵票支出

　　如果你輸入了尚未登錄的項目名稱,系統還會提醒「找不到您所指定的名稱範圍」而無法操作(見圖七)。如果設定的選項來源與你想要的內容不一致,可以回到步驟(1),再次點選「資料驗證」重新設定。

■圖七 若輸入尚未登錄的項目名稱,系統會出現提醒訊息

6 瞬間找到所需表單，
滑鼠不必按到手痠

當你的 Excel 檔案中包含很多工作表時，常常會為了找出需要的那張而花上不少時間。此時，只要使用「選擇工作表」的功能，就能讓我們快速移動到需要的工作頁面，說明如下。

① 叫出「選擇工作表」的功能方塊視窗

將滑鼠游標移動到工作表左下方，可切換工作表的左右箭頭（見圖一），並按下右鍵。

■圖一　在工作表左下方的左右箭頭上按滑鼠右鍵

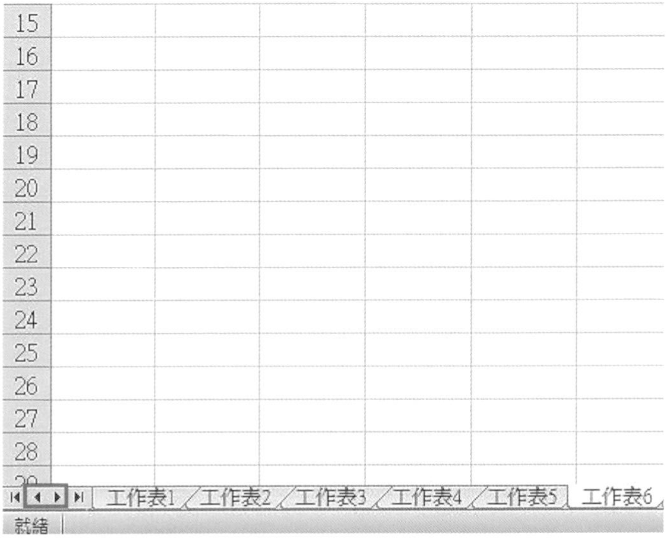

15	
16	
17	
18	
19	
20	
21	
22	
23	
24	
25	
26	
27	
28	

I◀ ◀ ▶ ▶I　工作表1 ╱ 工作表2 ╱ 工作表3 ╱ 工作表4 ╱ 工作表5 ╲ 工作表6

就緒

② **選擇需要的工作表**

　　叫出「選擇工作表」的功能方塊視窗後，直接選定你需要的工作表，系統就會在該工作表旁打勾，並自動跳至該頁面（見圖二）。重複操作步驟①和②，就可快速切換工作表。

■圖二　選擇欲切換的工作表

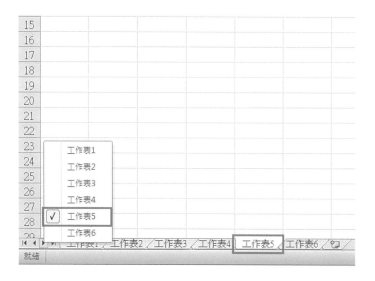

7 用不到的功能都收起來，視野變大

　　在螢幕較小的環境中（如筆記型電腦或平板電腦等）處理文書作業時，如果能將功能區設定為最小化顯示，就能讓輸入區域變大一些，視覺上也就不再那麼壓迫，有助提高工作效率。

① 將功能區最小化

　　如下方圖一、圖二所示，點選工作表右上方的「∧」，可將功能區最小化（將第二層的功能圖示收斂），原來的「∧」會變為「∨」。

■圖一　功能區的完整顯示

■圖二　將功能區最小化

② 重新展開隱藏的功能區

　　雖然圖示被隱藏了，你仍可點選最上方的幾個索引標籤（「常用」、「檢視」、「插入」等），此時該標籤下的各種功能選項就會顯現出來。在這個狀態下，可以點選你要使用的索引標籤，完成後圖示又會自動收斂。若你想展開隱藏的功能區時，可以點選工作表右上方的「∨」，就能回到圖一的顯示狀態，重新打開第二層的功能區（見圖三），此時「∨」又會變為「∧」。

　　此外，在顯示功能區的狀態下，按下「Crtl ＋ F1」也可將功能區最小化；同樣的，在功能區最小化的狀態下，再按一次「Crtl ＋ F1」，便能重新展開各項功能的頁籤顯示。

■圖三　重新展開功能區的完整顯示

第二章

印表不能像謎底揭曉，
版面一次漂亮做好

本章將會說明，各種 Excel 的顯示／列印等基本功能。一般公司會用到的報表中，有些資料會需要做成尺寸較大的表格，例如月營收預算表等。製作這類資料時，如果能將行、列凍結窗格，表格將更容易閱讀；調整列印的範圍，也能減少資料閱讀者的不便。製作報表時，對上述細節保持敏感度非常重要。此外，我還要特別向各位介紹 Excel 隱藏版的攝影功能，如此一來，你就能不受行、列限制，自由的製作報表。

1 攝影功能，框起來的區域全給我照樣印

2 資料幾千筆，表頭在哪裡？用凍結視窗

3 頁頁有表頭不必頁頁排，設定自動印出來

4 怕格式跑掉？防止竄改？另存 PDF

5 詳細到個位數，反而瑣碎不專業，用約

6 用 Excel 畫整齊排列的流程圖！

1 攝影功能，框起來的區域全給我照樣印

使用 Excel 製作文書資料時，大家多少都曾有無法按照自己想要的樣式，完成版面格式編排的困擾吧？這樣的問題，可藉由隱藏版的攝影功能解決。以下，我以製作費用申請書中的「主管簽核欄」為例說明。

① 自訂快速存取工具列

想讓攝影功能的圖示顯示在快速存取工具列中，必須先在最上方的索引標籤中按右鍵，選取「自訂快速存取工具列」，頁面就會顯示「Excel 選項」的方塊視窗。

② 選擇攝影功能

在「由此選擇命令」的功能選單下，選擇「不在功能區的命令」，從功能選單當中選取「攝影」後，點選「新增」，並按下「確定」（見圖一）。

③ 選擇想要拍攝的區域

接著回到表格中，以滑鼠選取想要拍攝的區域後，按下攝影功能的圖示（見圖二）。

■圖一　新增攝影功能

■圖二　選擇欲拍攝的區域，並按下「攝影」圖示

④ 貼上影像

　　若想將以攝影功能拍攝（即選取）的影像，貼到欲顯示的區域，只要使用滑鼠拖曳並按下左鍵即可。如圖三所示，主管簽核欄的列高與第二列的其他欄位並不相同，可見前者是從別處被拖曳過來貼上的。

　　使用 Excel 系統製作資料時，總是會發生版面與自己想要的格式有些許落差的狀況，此時使用攝影功能，將選取範圍拍攝後貼上，就能依自己的想法編排版面，可說是超級偷吃步的做法。

■圖三　將影像以滑鼠拖曳後貼上

	A	B	C	D	E	F	G	H	I	J
1										
2		部門		姓名		申請日期		經理	課長	申請人
3										
4		費用 產生日期	費用 目的	支出 項目	會計 科目	詳細內容		支付 對象	金額	備考
5										
6										
7										

2 資料幾千筆，表頭在哪裡？用凍結視窗

工作上常會用到一些尺寸較大的報表，閱覽時如果向下拉動Excel的捲軸，往往看不到最前端顯示標題的行或列，這對使用者而言非常困擾。在本節裡，我會介紹①凍結窗格、②隱藏功能這兩種顯示方式，可讓表格更容易閱讀。

① 凍結窗格

請各位先看圖一，在月營收預算表「列」的方向中，記載了「2012/4」、「2012/5」、「2012/6」等年月期間；在「行」方向裡記載了「現金」、「零用金」、「往來存款」等會計科目。

如果你想在拉動捲軸時，還能在畫面中顯示年月期間及會計科目等標題，就必須同時凍結閱覽視窗的行與列。先選取欲顯示行列

■圖一　凍結窗格

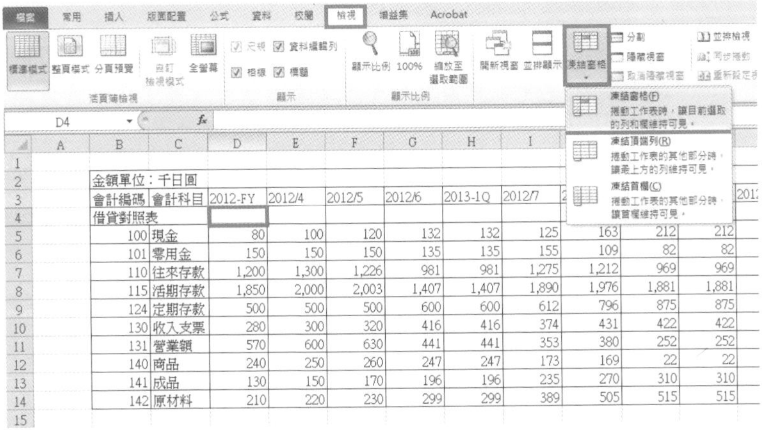

	A	B	C	D	E	F	G	H	I			
1												
2		金額單位：千日圓										
3		會計編碼	會計科目	2012-FY	2012/4	2012/5	2012/6	2013-1Q	2012/7	2		201
4		借貸對照表										
5		100	現金	80	100	120	132	132	125	163	212	212
6		101	零用金	150	150	150	135	135	155	109	82	82
7		110	往來存款	1,200	1,300	1,226	981	981	1,275	1,212	969	969
8		115	活期存款	1,850	2,000	2,003	1,407	1,407	1,890	1,976	1,881	1,881
9		124	定期存款	500	500	500	600	600	612	796	875	875
10		130	收入支票	280	300	320	416	416	374	431	422	422
11		131	營業額	570	600	630	441	441	353	380	252	252
12		140	商品	240	250	260	247	247	173	169	22	22
13		141	成品	130	150	170	196	196	235	270	310	310
14		142	原材料	210	220	230	299	299	389	505	515	515
15												

的儲存格（此工作表中為 D4），選取完畢後，在「檢視」的索引標籤中，點選「凍結窗格」，並選取底下的「凍結窗格」功能，這樣一來，行與列就會同時被凍結，拉動捲軸時不會跟著移動。

② 隱藏功能

（1）選取想要隱藏的行

如圖二所示，選擇欲隱藏的行（E～G行），點選「資料」索引標籤中的「群組」，並選取底下的「群組」。

■圖二　選取想要隱藏的行

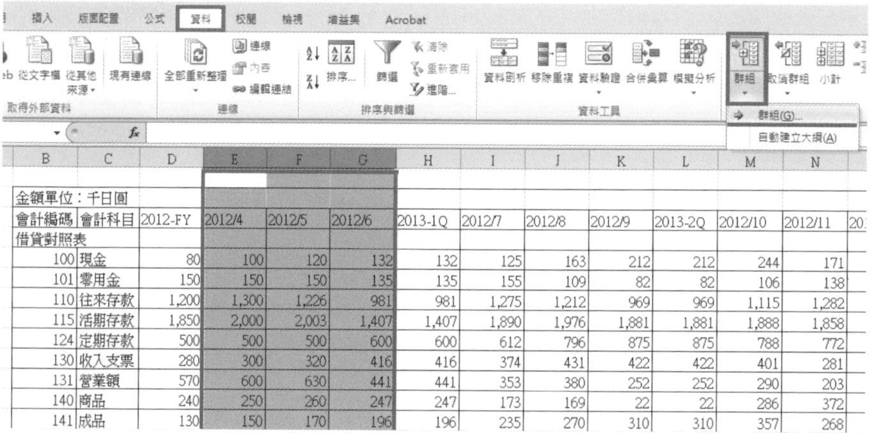

（2）行的隱藏與顯示

完成群組設定後，點選表格上的 — 符號（見圖三），就會如同圖四一樣，已經設定成群組的部分能被隱藏起來；按下 + 則可顯示

隱藏的群組（見圖四）。

　　同樣的，點選工作表左上方的 1，所有設定的群組就會被隱藏，點選 2 所有的群組即可顯示出來。

　　此外，群組化的作業也可用快捷鍵操作，按下「Alt＋Shift＋→」可進行群組設定；「Alt＋Shift＋←」則可取消群組設定。

■圖三　將行群組化後，按下上方的 □ 可將之隱藏

	A	B	C	D	E	F	G	H
1								
2		金額單位：千日圓						
3		會計編碼	會計科目	2012-FY	2012/4	2012/5	2012/6	2013-1Q
4		借貸對照表						
5		100	現金	80	100	120	132	132
6		101	零用金	150	150	150	135	135
7		110	往來存款	1,200	1,300	1,226	981	981
8		115	活期存款	1,850	2,000	2,003	1,407	1,407
9		124	定期存款	500	500	500	600	600
10		130	收入支票	280	300	320	416	416
11		131	營業額	570	600	630	441	441
12		140	商品	240	250	260	247	247
13		141	成品	130	150	170	196	196

■圖四　群組化的行被隱藏後，按下 ＋ 即可顯示

	A	B	C	D	H	I	J	K
1								
2		金額單位：千日圓						
3		會計編碼	會計科目	2012-FY	2013-1Q	2012/7	2012/8	2012/9
4		借貸對照表						
5		100	現金	80	132	125	163	212
6		101	零用金	150	135	155	109	82
7		110	往來存款	1,200	981	1,275	1,212	969
8		115	活期存款	1,850	1,407	1,890	1,976	1,881
9		124	定期存款	500	600	612	796	875
10		130	收入支票	280	416	374	431	422
11		131	營業額	570	441	353	380	252
12		140	商品	240	247	173	169	22
13		141	成品	130	196	235	270	310
14		142	原材料	210	299	389	505	515

3 頁頁有表頭不必頁頁排，設定自動印出來

當表格的列印範圍較大時，必須先設定各項細節，讓表格以最理想的方式呈現在書面上。此外，為避免格式發生錯位並方便他人列印，在傳送檔案之前，先設定好列印範圍更顯得你專業。在這一節裡，我會依照①設定列印標題、②插入頁尾、③縮放列印比例、④使用分頁預覽，調整列印範圍、⑤列印，這五個步驟，說明列印表格該注意的細節。

① 設定列印標題

要列印月營業額預估表等統計範圍較大的資料時，必須分頁列印，但標題往往只會出現在第一頁，第二頁之後的報表如果看不到「2012/4」、「2012/5」等年月期間（標題列）或是「會計編碼」「會計科目」等（標題欄），閱讀時就很難理解資料內容，必須重新往回翻，非常麻煩。

想在版面上列印「標題列」及「標題欄」，要先從「版面配置」索引標籤中，按下「列印標題」（見圖一），可叫出「版面設定」的方塊視窗（見圖二）。

■圖一　插入列印標題

接著在「版面設定」中選擇「工作表」，並點選「標題列」，再用滑鼠選取記載了年月的「3」那列，標題列就會顯示「$3:$3」。同樣的，點選「標題欄」後，用滑鼠選取記載了會計編碼及會計科目的「B」及「C」行，「標題欄」就會顯示「$B:$C」。

■圖二　設定列印標題的範圍

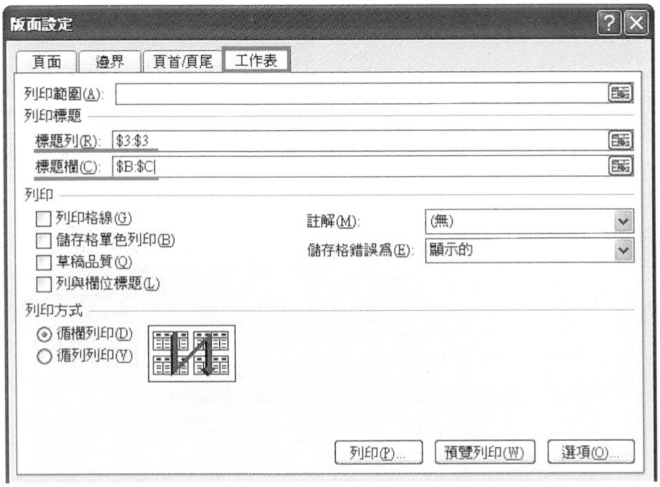

② 插入頁尾

接著要在各工作表中輸入必要的訊息。在「版面設定」的功能方塊視窗中，選取「頁首／頁尾」標籤，然後選擇「自訂頁尾」，就可叫出「頁尾」的功能方塊視窗（見下頁圖三）。

使用滑鼠點選右邊的框框後，依①插入檔案名稱、②插入工作表名稱、③插入日期、④插入時間、⑤插入頁碼、⑥插入頁數的順

序點選，右側框框中就會顯示「&[檔案]&[索引標籤]&[日期]&[時間]&[頁碼]&[總頁數]」。

　　這部分如果不先修改，上述資料列印出來之後就會擠在一起，因此我們得在「&[檔案]」之後按下 Enter 鍵換行、在「&[索引標籤]」之後按下 Enter 鍵換行，在「&[日期]」之後按下空白鍵（插入半形空格），在「&[時間]」之後換行。最後，輸入「頁數（&[頁碼]/&[總頁數]）」等藍色字體的內容，輸入完成後再點選「確定」，就會在工作表的右下方，列印出如圖四一樣的內容。

■ 圖三　自訂頁尾顯示的資訊

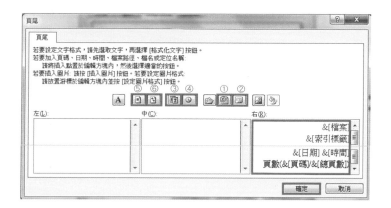

■ 圖四　顯示頁尾

（顯示的訊息）	（顯示例）
檔案名稱	大師級 Excel 取巧工作術
工作表名稱	頁頁有表頭不必頁頁排，設定自動印出來
日期　時間	2016/11/7　18：23
頁數（頁碼／總頁數）	頁數（1/6）

（資料正式列印後，只會印出右側〔顯示例〕的內容。）

③ 縮放列印比例

　　如果直接列印大範圍的工作表，列印張數往往很多。我們可以從「版面設定」的功能方塊視窗中，選擇「頁面」標籤，調整列印比例（見圖五）。以本節提到的月營業額預估表來說，如果用100%等比例列印，大概會印到15張左右，有點浪費。

　　為了減少列印張數，逐步調整縮放比例後，我發現縮放至60%的話，只要6張就可列印完畢。換句話說，調整縮放比例的方法，就是一面調降縮放比例，一面點選「預覽列印」確認列印狀態（可在螢幕上呈現列印張數）。不斷重複這樣的操作，在達到適當的縮放比例（即最理想的列印張數）時，選擇「確定」即可。

■圖五　縮放列印比例，可減少列印張數

④ 使用分頁預覽，調整列印範圍

　　有些報表（如借貸對照表或損益表等）在電腦上的分頁與列印紙張的分頁會有出入，導致印出來的文件頁數亂掉、或多跑一行到下一頁。以下說明如何使用分頁預覽，調整列印範圍。

　　在「檢視」索引標籤中，點選「分頁預覽」，工作表就會像圖六這樣，顯示出分頁線。以滑鼠拖曳代表分頁的藍色線條，「第1頁」的列印範圍就可放大或縮小。若想恢復一般顯示狀態，點選「分頁預覽」旁「標準模式」的圖示，就可回到原始的頁面顯示。

■圖六　以分頁預覽調整列印範圍

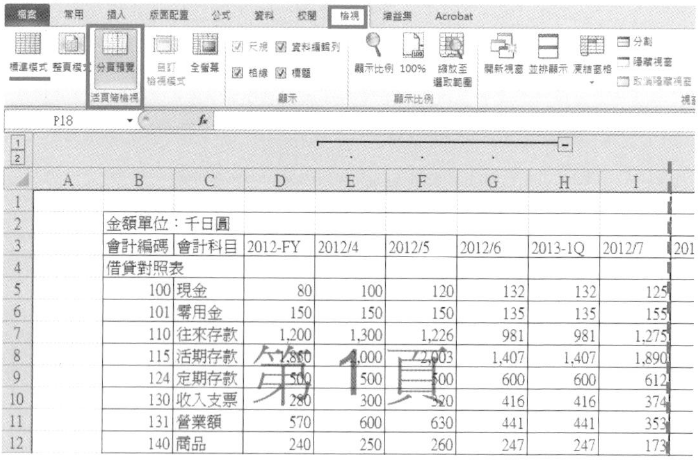

⑤ 列印

　　設定列印範圍後，按下「Ctrl＋P」可叫出視窗執行列印。

4 怕格式跑掉？防止竄改？另存PDF

如果在傳送檔案前，先將 Excel 檔案另存成 PDF 格式，就算檔案接收者沒有安裝 Excel 程式（例如以智慧型手機收件），也能輕鬆開啟你的報表。除此之外，以 PDF 格式傳送，也能避免報表格式跑掉的問題。本節將介紹把 Excel 工作表另存成 PDF 格式的步驟。

① 設定版面

使用 PDF 格式，可讓文件以「列印完成」的型式呈現，因此我們可以使用「預覽列印」先行調整 Excel，將版面設定為比較容易閱覽的格式。

② 將正在使用的工作表另存成 PDF 格式

從「檔案」索引標籤中，選擇「另存新檔」。接著在另存新檔的視窗中，「存檔類型」選擇「PDF」，最後按下「存檔」（見下頁圖一）。

③ 將多個工作表另存成 PDF 格式

如果想將多個工作表另存成同一個 PDF 檔案，就得先多做一道工。先按下 Ctrl 鍵，並同時點選欲存成 PDF 格式的多個工作表

頁籤，選擇完畢後執行步驟②，就能一次將多個工作表存在同一個
PDF 檔案裡。

■圖一　將 Excel 工作表另存成 PDF 格式

5 詳細到個位數，
反而瑣碎不專業，用約

製作月結算報表等資料時，如果能以一元為輸入單位，但以一百萬元顯示於儲存格（意即讓 Excel 自動幫你省略 6 個 0 的空間），版面就會清爽許多。以下就以①尋找必要的格式、②自訂儲存格格式、③輸入日期時的注意事項，這三個步驟說明。

① 尋找必要的格式

選定欲輸入數值的儲存格後，按一下滑鼠右鍵，並選擇「儲存格格式」（或按下「Crtl＋1」，也可叫出該功能方塊）。「類別」中有預設「數值」、「貨幣」及「日期」等選項；如果預設值中沒有適合的，你也可以自訂儲存格格式（見圖一）。

■圖一　若沒有適合的預設類別，可選擇「自訂」儲存格格式

② 自訂儲存格格式

如上圖一所示，從「類別」中選擇「自訂」後，從「類型」中選擇基本的「#,##0;-#,##0」，並以此為基礎變更內容。相信大部分人都不太理解「#,##0;-#,##0」代表什麼意思，以下將詳細說明。

■圖二　自訂儲存格格式類型的意義

$$\#,\#\#0;-\#,\#\#0$$

正數的顯示　　　負數的顯示

圖二左側的「#,##0」是正數的格式設定，中間以分號「;」區隔，右側的「-#,##0」則是負數的格式設定。只要改變此儲存格格式的設定，不論正數或負數，顯示內容都會跟著變動。

此外，在製作會計資料時，有時會需要將「0」以「-」（橫槓）符號顯示，代表此欄位並無任何數字。此時，就如同圖三一樣，只要在「#,##0;-#,##0」欄位的最後方，補上「;」及「-」，就能讓「0」以「-」顯示。

■圖三　將「0」以「-」顯示

接著要說明，「以一元為輸入單位，但以一百萬元顯示」的操作方法。選擇「#,##0;-#,##0」後，在 0 的後面加上逗號「,」，儲存格就會以千元為單位顯示；加入兩個逗號，就會以百萬元為單位顯示（見圖四）。

■圖四　以一元為輸入單位，但以一百萬元顯示

　　將儲存格格式設定為上頁圖四的數值之後，如此一來，當你輸入「1,000,000」，就會顯示出「1」（直接省略後面6個0）；輸入「-1,654,342」，則會因四捨五入而顯示出「-2」。

　　此外，要向各位說明在數字前面寫上「約」字，或在數字後面寫上「個」或「m²」等單位的方法。如果想在數字前面加上「約」字，就用半形的雙引號「"」將約字框起來。完成之後，當你輸入「4,000」，頁面就會顯示「約4,000」（見圖五）。

■圖五　在數字前加上「約」

　　如果想在數字後面加上「個」，從儲存格格式中，選擇基本類型「#,##0;-#,##0」後，於類型欄位內的最後面，用半形的雙引號「"」，將「個」字框起來。之後當你輸入「4,000」，就會顯示「4,000個」（見圖六）。

■圖六　在數字後加上「個」

正數的顯示　　　　　　　負數的顯示　　　　零的顯示

　　另外補充一點，如果你想以「△」強調負數，可以在顯示負數的「-#,##0」中，將「-」改成「△」，變成「△#,##0」。這樣一來，當你輸入數值「-1,000」，就會顯示為「△1,000」。

③ 輸入日期時的注意事項

　　最後要說明輸入日期時的注意事項。相信很多人在用 Excel 輸入日期時，常遇到系統自作聰明的將之更換成不同格式。例如，在月營業額預估表中，我們輸入的是「2015/3」，Excel 卻自動轉換為「Mar-15」，實在令人頭大。

　　有兩個方法可避免這樣的狀況。首先，輸入數字前先加入「'」（單引號），之後再輸入「2015/3」（意即輸入「'2015/3」），這樣一來，系統就會將之判讀為文字，而不會擅自改變格式。

　　另一個方法是，選取欲輸入日期的儲存格後，按一下滑鼠右鍵叫出「儲存格格式」的選項方塊，從「數值」底下的「類別」裡，選擇「文字」。如此一來，在設定為「文字類別」的儲存格中輸入「2015/3」，Excel 就不會將之判讀為日期，格式亦不會改變。

　　此外，如果你想在多個儲存格中輸入日期，可事先將這些儲存格格式全設定為「文字類別」，輸入時會更加方便。

6 用 Excel 畫整齊排列的流程圖！

用 Excel 製作流程圖時，由於圖片較多，版面常常很難排得整齊，或有小小誤差。以下介紹①利用箭頭鍵稍微移動圖表、②利用對齊功能讓多個圖表整齊排列、③將圖表群組化、④一口氣刪除不要的圖表，這四個撇步。

① 利用箭頭鍵稍微移動圖表

製作如圖一的採購流程圖時，若你只是想稍微調整「是否超過一百萬元」的圖表位置，使用滑鼠往往很難操控。此時你可以在點選該圖表後，改用箭頭鍵移動圖表位置，就能達到微調效果。

■圖一　只想微調圖表位置時，箭頭鍵比滑鼠好用

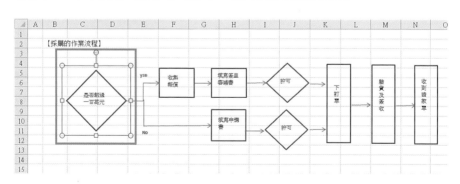

② 利用對齊功能讓多個圖表整齊排列

　　製作各種流程圖時，常會遇到想排在同一列的圖表，出現一點點錯位、沒能對齊的情況（見圖二）。此時先點選欲重新調整位置的圖表，接著在「版面配置」功能頁籤中選擇「對齊」，並點選「靠上對齊」，就能像圖三一樣，讓圖表整齊排列。

■圖二　兩張圖表沒對整齊，可用「對齊」功能調整

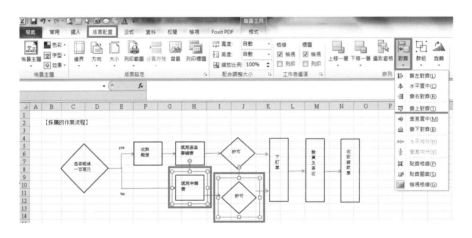

■圖三　原本稍微錯位的兩張圖表都對齊了

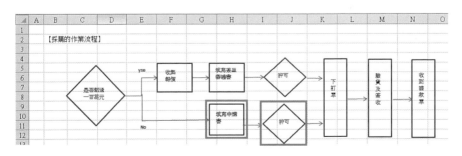

③ 將圖表群組化

（1）選擇想要群組化的物件

　　首先，將所有想要群組化的物件（圖表）都先選取起來。你可以按著 Ctrl 鍵不放，再用滑鼠一個一個點選。另一個方法，則是從「常用」的功能頁籤中，點選「尋找與選取」，並於功能選項中選擇「選取物件」，之後再用滑鼠拖曳，就能一次選取所有想要群組化的圖表（見圖四及圖五）。

■圖四　從「尋找與選取」底下找出「選取物件」

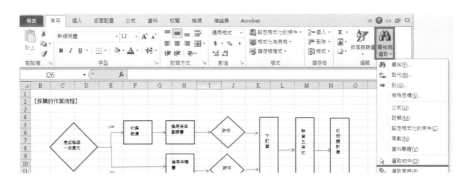

■圖五　用滑鼠一次把所有的圖表選取起來

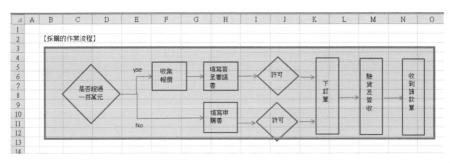

（2）執行圖表的群組化

選取好想要群組化的圖表後，按下滑鼠右鍵，並從顯示的功能選項中，選擇「群組」（見圖六）。

■圖六　將多張圖表群組化

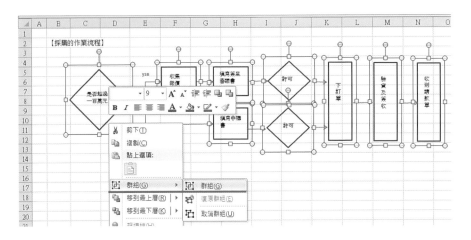

（3）將圖表群組化的好處

將圖表群組化後，就能輕易使用滑鼠拖曳，讓物件維持在排版完成的狀態，將圖表放大或縮小。當我們變更圖表大小時，常常需要另外修正圖表中的字級大小，但如果將圖表群組化，圖表中的所有文字即可同時變動，而不必逐一調整（見圖七）。

■圖七　群組化圖表後，可一次調整所有的字級

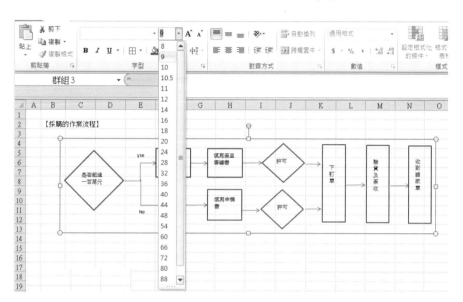

④ 一口氣刪除不要的圖表

製作流程圖時，常需要將用不到的圖表刪除，但一個一個刪又很麻煩。以下就向各位介紹，一口氣將不要的圖表刪除的方法。

（1）取消群組及選擇不要的圖表

圖表在被設定成群組的狀態下，無法刪除部分不要的圖表。必須先按一下滑鼠右鍵，從顯示的功能選項中，選取「群組」內的「取消群組」，再從「常用」的功能頁籤中，點選「尋找與選取」，並於功能選項中選擇「選取物件」，最後再用滑鼠拖曳選取不要的圖表（見下頁圖八）。

■圖八　取消群組後，用「選取物件」拖曳不要的圖表

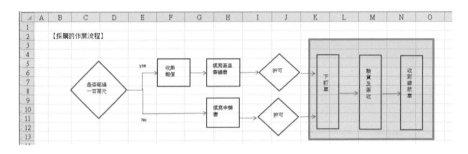

（2）刪除不要的圖表

選取好所有不要的圖表範圍後，按下 Delete 鍵，就能一口氣刪除這些圖表（見圖九）。

■圖九　一口氣刪除不要的圖表

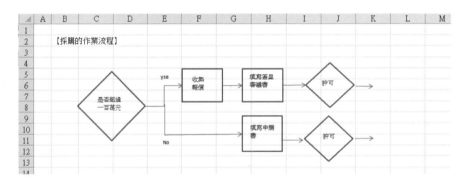

第三章

防止白做工的 Excel 技巧

本章將介紹避免白做工的 Excel 技巧。一些眾人共用的 Excel 檔案（例如各項費用的申報表、每月更新的業績紀錄等），由於每個人的使用習慣不同，很容易出現意想不到的錯誤。為了避免這樣的問題，必須利用「資料驗證」或是「保護活頁簿」等功能，讓使用者只能以一開始設定好的方式輸入資料。此外，學會如何找出別人的資料來源、或使用「取代」功能刪除多餘的空格等，都能大幅縮短文書作業的時間。

1　資料驗證功能，費用申請不出錯

2　防止錯誤變更，用活頁簿保護

3　不怕當機、停電，設定自動儲存功能

4　防止手殘毀了藏在儲存格裡的公式

5　參透別人的 Excel 祕招，這樣找

6　順藤摸瓜，找出別人的資料來源

7　表格裡有啥不喜歡的？用取代一次換掉

1 資料驗證功能，
費用申請不出錯

費用申報表裡，一定會記載費用產生日期、支出項目，費用目的及金額等資料。輸入支出項目時，使用下拉式清單會更有效率，第一章已向各位介紹設定的方法。至於費用產生日期、費用目的及金額等，則必須由費用申報者自行輸入，利用「資料驗證」功能可避免人為失誤。報帳時最容易出錯的就是日期，很多員工在申請費用時往往逾期（或提早）申報而不自知，等到上頭檢核時才發現此筆款項根本無法申請。因此，本節將說明如何限制使用者輸入日期區間，以防止逾期或提早請款的狀況。

① 限制輸入日期的區間

如果要計算「2014 年 4 月 1 日起到 2015 年 3 月 31 日為止」的費用，可利用資料驗證功能，限制輸入申請表中的日期區間。以下將說明操作步驟。

（1）找出「資料驗證」功能

選擇欲設定資料驗證的儲存格後，從「資料」索引標籤中，點選「資料驗證」（見圖一）。

（2）設定資料驗證

接著，在資料驗證的功能方塊中（見圖二），選擇「設定」頁

■圖一　從「資料」索引標籤中，找出「資料驗證」功能

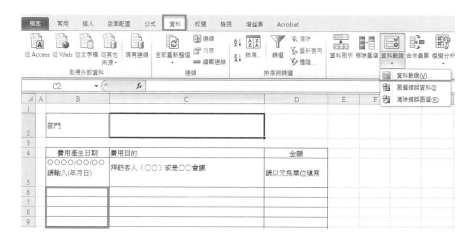

■圖二　設定資料驗證（以限制輸入日期為例）

籤。並於底下的「儲存格內允許」欄中選擇日期，最後在「開始日期」及「結束日期」中輸入欲指定的時間。設定完成後，這些儲存格就無法輸入設定日期以外的資料。

（3）製作錯誤提醒訊息

選擇「錯誤提醒」頁籤，在「標題」中寫入「輸入日期區間錯誤」，並於「訊息內容」寫入「請輸入 2014/4/1 到 2015/3/31 區間的日期」後，最後點選「確定」。

■圖三　製作錯誤提醒訊息

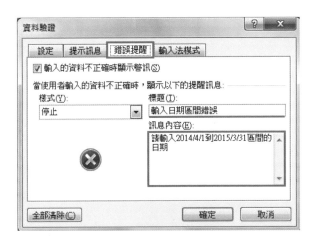

（4）顯示錯誤提醒

　　設定完成後，如果我們在設定資料驗證的儲存格中，輸入日期以外的文字，或是設定範圍以外的日期，系統就會跳出錯誤提醒的訊息（見圖四）。

■圖四　輸入指定範圍外的日期，系統會跳出錯誤提醒

	B6		f_x	2011/5/8	
▲	A	B	C		D
1					
2		部門			
3					
4		費用產生日期	費用目的		金額
5		○○○○/○○/○○ 請記入(年月日)	拜訪客人(○○)或是○○會議		請以元為單位填寫
6		2011/5/8			
7					
8					
9					
10					
11					
12					
13					
14					

輸入日期區間錯誤　　　　　　　　　　　　✕

✕　請輸入2014/4/1到2015/3/31區間的日期

[重試(R)]　[取消]　[說明(H)]

這項資訊有幫助嗎?

防止錯誤變更，用活頁簿保護

　　一些眾人共用的 Excel 檔案，使用者可能擅自在原始設定以外的儲存格中輸入資料，或是任意新增行或列，使原本設定的功能無法發揮。為了避免他人任意調動 Excel 的版面，本節要說明「活頁簿保護」功能的使用方法。

① 選擇讓使用者自行輸入的儲存格

　　為避免使用者任意調動 Excel 版面，可以限定他們只能輸入你指定的儲存格。在圖一中，使用者需要輸入的儲存格為部門、姓名、申請日期、費用產生日期、費用目的及詳細內容。至於支出項

■圖一　從工作表中選擇可自由輸入的儲存格（藍框部分）

	B	C	D	E	F	G	H	I	J
1									
2	部門			姓名			申請日期		
3									
4	費用產生日期			費用目的		支出項目		會計科目	詳細內容
5	○○○○/○○○/○○ 請輸入(年月日)			拜訪客人（○○）或是○○會議		選擇此儲存格，就有下拉式選單，請選擇符合的項目		自動選擇	若為搭車費用請寫出起迄站名；若為郵票或是宅急便費用，請寫明收件人等詳細訊息
6									
7									

目及會計科目，只要點選支出項目的儲存格，頁面上就會出現下拉
式選單（兩者可一起被選取），使用者無須自行輸入（此設定將於第
六章說明）。

② 更改儲存格格式設定

選擇讓使用者自行輸入的儲存格後，於格子上點擊滑鼠右鍵，
再從顯示的功能選單中，選取「儲存格格式」，並從功能方塊中，
選取「保護」頁籤，初始設定會在「鎖定」中打「v」。想讓使用者
可自行輸入，須將此「v」取消，再點選「確定」（見圖二）。

■圖二 取消「鎖定」中的「v」記號

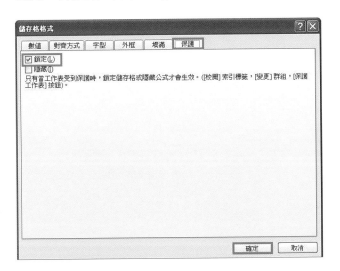

③ 保護工作表

接著從「常用」索引頁籤，點選「格式」，並選擇「保護工作表」。接著從顯示的「保護工作表」功能方塊中，確認「保護工作表與鎖定的儲存格內容」有「ｖ」的記號，再點選「確定」（見下方圖三）。

如果想讓「取消保護工作表」受密碼約束，就必須在「要取消保護工作表的密碼」的欄位中，輸入你想設定的密碼。

此外，在「允許此工作表的所有使用者能」底下，「選取鎖定的儲存格」及「選取未選定的儲存格」系統皆預設為打「ｖ」。取消「選取鎖定的儲存格」的「ｖ」後，除了那些你允許使用者自行輸入的儲存格，其他儲存格都無法被任意選取（已受保護）。

■圖三　保護工作表的功能方塊

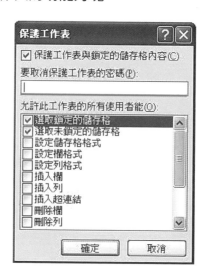

④ **顯示錯誤提醒**

在工作表受到保護狀態下，使用者若在不允許輸入的儲存格中輸入資料，系統就會像圖四一樣，顯示錯誤提醒的訊息。

■圖四　選取允許範圍以外的儲存格，系統出現錯誤提醒

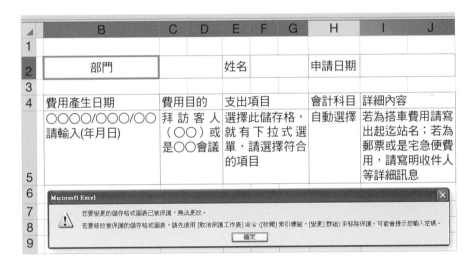

3 不怕當機、停電，設定自動儲存功能

使用 Excel 時，偶爾會因為系統當機而被強制關閉，之前輸入的資料就在瞬間化為烏有。為了避免這種做白工的風險，本節將說明設定自動儲存功能的方法。

① 叫出 Excel 選項的功能方塊

點擊自訂快速存取工具列的圖示▼，並選擇列表中的「其他命令」，頁面上就會顯示 Excel 選項的功能方塊。

② 調整自動儲存的時間間隔

點選「儲存」，並將「儲存自動回復資訊時間間隔」，從預設的 10 分鐘修改成 1 分鐘（見圖一），再點選「確定」即可。

■圖一 將自動儲存功能，設定為每分鐘執行一次

4 防止手殘毀了藏在儲存格裡的公式

使用他人製作的 Excel 檔案時,有時會不小心把資料輸入到設定了公式(運算函數)的儲存格,導致該公式發生錯誤無法使用。為了避免這樣的狀況,本節將說明如何迅速找出帶有公式的儲存格。

① 利用「到」的功能,顯示帶有公式的儲存格

(1)先叫出「到」的功能方塊

在工作表中任意選擇一個儲存格,同時按下鍵盤的「Ctrl＋G」,頁面上就會顯示「到」的功能方塊,點擊方塊中的「特殊」(見圖一)。補充一點,「到」的功能方塊,也可在「常用」索引標籤中的「尋找與選取」功能表單下找到。

■圖一　顯示「到」功能方塊

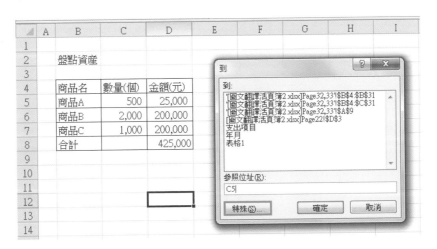

（2）從「特殊目標」中找出帶有公式的儲存格

　　當工作表頁面上顯示「特殊目標」的功能選項方塊後，點選「公式」，接著再按下「確認」。系統就會將帶有公式的儲存格標示出來（見圖二及圖三）。

■圖二　從「特殊目標」中選取「公式」

■圖三　系統自動標示出帶有公式的儲存格

◢	A	B	C	D
1				
2		盤點資產		
3				
4		商品名	數量(個)	金額(元)
5		商品A	500	25,000
6		商品B	2,000	200,000
7		商品C	1,000	200,000
8		合計		425,000

② 顯示儲存格中帶有何種公式

（1）「顯示公式」

從「公式」索引標籤中選取「顯示公式」，儲存格中的公式就會顯示出來（見圖四）。再點選一次「顯示公式」，就會恢復到原來的顯示狀態。

（2）「顯示公式」的快捷鍵

同時按下鍵盤的「Ctrl＋Shift＋@」，也同樣能讓頁面上顯示公式；再按一次就會恢復原來的顯示狀態。

■圖四　顯示公式

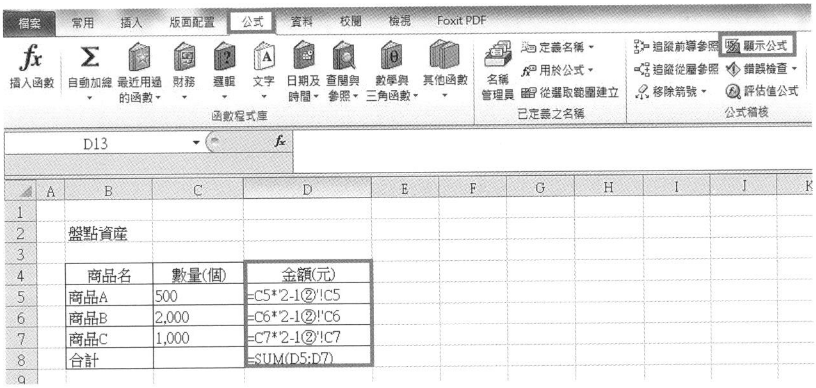

參透別人的 Excel 祕招，這樣找

使用由其他人製作的 Excel 檔案時，裡頭常有些儲存格帶著公式，閱覽的人往往很難理解。如果公式的來源，是同一個工作表頁面中的某些儲存格還容易解決，但如果是來自其他的工作表頁面中的儲存格，就不易解讀。因此，本節要說明，如何快速找到在別張工作表中的公式參考來源，讓你迅速參透別人的報表。

① 顯示公式參考來源

選擇「D5」儲存格，「公式欄」中會顯示「C5*'2-1②'！C5」這樣的公式。光看這個公式，應該很難理解公式到底是參考哪張工作表中的哪幾個儲存格。此時，點擊「公式」索引頁籤中的「追蹤前導參照」功能（見圖一）就能找出答案。

■圖一　追蹤前導參照

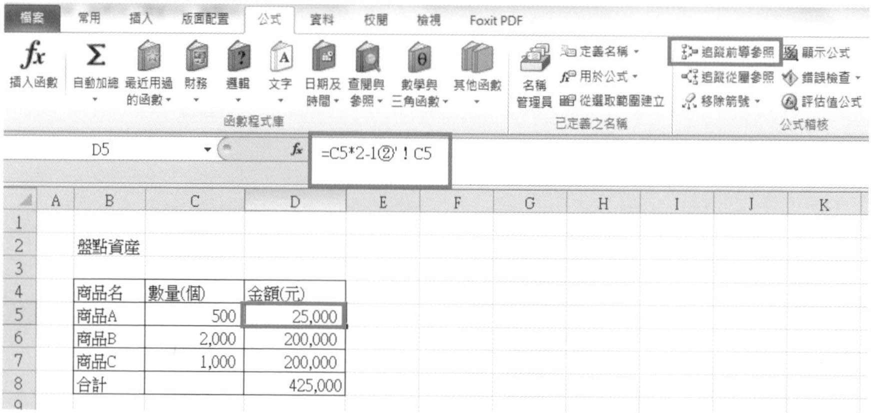

② 到公式來源的儲存格

「D5」儲存格有兩個公式參考來源，其中一個公式來源就是旁邊的「C5」儲存格，另一個則為 Excel 圖示（見圖二）顯示的另一個工作表（名稱為「2-1②」）。在此狀態下，點擊兩下連結 Excel 圖示與「D5」儲存格的箭頭，就會出現「到」的功能方塊（見圖三）。點選「到」功能方塊欄位內所標示的工作表名稱，再選擇「確定」，頁面就會自動跳至該公式參考來源的工作表（見下頁圖四）。

■圖二　顯示公式參考來源

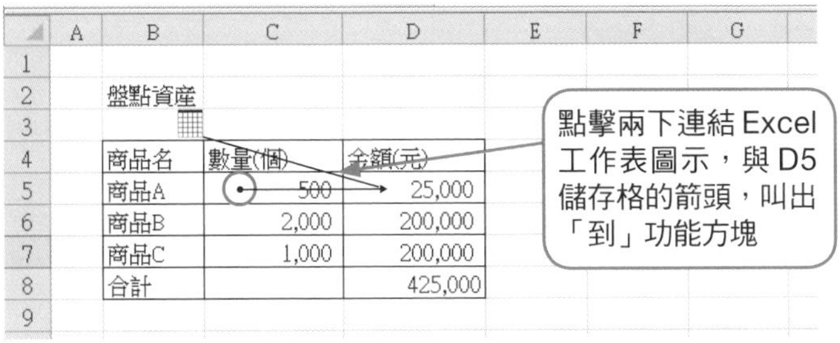

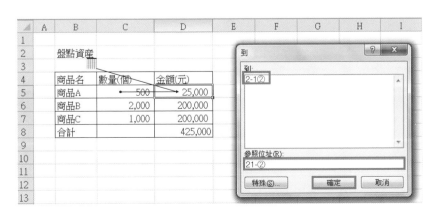

■圖三　選取「到」功能方塊顯示的工作表名稱，並按下確定

■圖四 頁面自動跳至位在 2-1② 工作表的參考儲存格「C5」

◢	A	B	C	D
1				
2		價格表		
3				
4		商品名	單價(元)	
5		商品A	50	
6		商品B	100	
7		商品C	200	
8				

6 順藤摸瓜，找出別人的資料來源

　　使用其他人製作的 Excel 檔案時，系統常會出現訊息提醒你，是否要「編輯連結」以更新連結來源（見圖一）。遇到這種狀況時，可以先選擇「繼續」，再設法找出參考資料的原始連結。

■圖一　系統提示更新連結來源

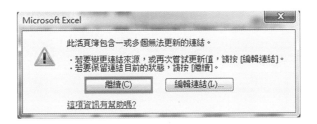

① 尋找連結的原始來源

（1）叫出尋找及取代的功能方塊

　　按「Ctrl＋F」，叫出「尋找及取代」的功能方塊，並點擊右下角的「選項」（見下頁圖二）。

■圖二　叫出「尋找及取代」的功能方塊，並點擊「選項」

（2）尋找外部資訊的原始連結

外部資訊的連結中大多和「='C：\User\owner\Desktop\[2012年3月試算表.xlsx]1-1（別的工作表）'！D3」一樣，包含「[」（中括號），因此，你可以在尋找目標欄位中填入「[」，並將搜尋範圍改為「活頁簿」，最後再選取「全部尋找」（見圖三）。

■圖三　以「[」尋找外部資訊的原始連結

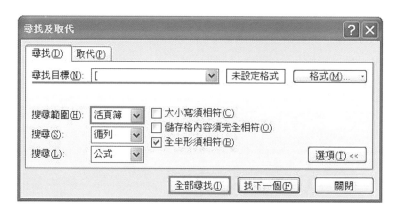

（3）顯示含有外部連結的工作表及儲存格

　　點選「全部尋找」後，系統就會顯示出含有連結外部資訊的
工作表，並標示第一個帶有外部資訊連結的儲存格（即圖四中的
D3），左下角則統計出，這個工作簿有 34 個儲存格使用外部連結。
點選「找下一個」，則會顯示第二個使用外部連結的儲存格。

■圖四　系統自動顯示含外部連結的工作表及儲存格

② 更新外部連結

（１）顯示「編輯連結」的功能方塊

從「資料」索引頁籤中，點選「編輯連結」，頁面就會顯示「編輯連結」的功能方塊。接著點選「啟動提示」（見圖五）。

■圖五　從「資料」索引標籤叫出「編輯連結」的功能方塊，點選「啟動提示」

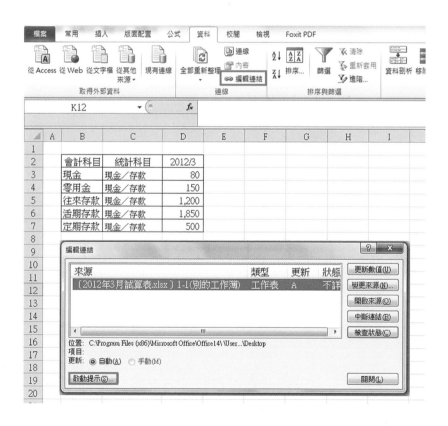

（2）啟動時的處理

　　點選「啟動提示」後，頁面上會顯示選項方塊，如果你希望每一次開啟檔案時，都能選擇是否要更新的話，請點選「讓使用者選擇是否要顯示提醒」；反之，則點選「不要顯示提醒訊息並且不要更新自動連結」。

　　若你希望每次開啟檔案都直接更新的話，則點選「不要顯示提醒並更新連結」。選擇好選項後，點選「確定」，就會回到步驟（1）的「編輯連結」功能方塊，最後點擊「關閉」結束視窗。

■圖六　顯示「啟動提示」的選項方塊

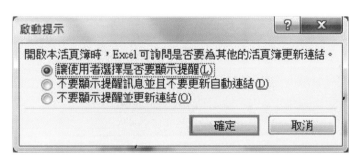

　　補充一點，為了避免影響到後續其他作業處理，確認完外部資訊的連結後，建議將「尋找及取代」功能選項方塊（見第 92 頁圖三）中的「搜尋範圍」，再次改回初始設定的「工作表」較佳（見下頁圖七）。

■圖七　將搜尋範圍改回「工作表」

表格裡有啥不喜歡的？
用取代一次換掉

製作借貸對照表等分析資料時，經常會使用會計系統輸出的資料，而這些資料通常會以CSV（譯註：Comma-Separated Values，逗號分隔值或字符分隔值）形式輸出。

換句話說，大部分的文書輸入都得從CSV資料開始，但這種資料的文字與文字間，或是文字的最末端，經常會有一些不必要的空格（見圖一）。本節將說明如何以「取代」功能，刪除這些多餘的空格。

■圖一　從會計系統中輸出的CSV資料

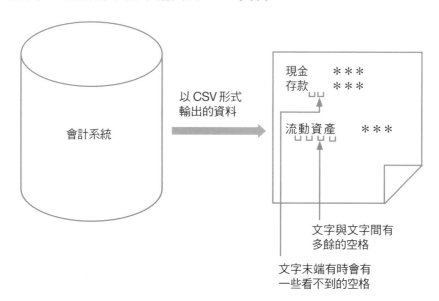

① 含有不必要空格的資料

在圖二的資料中，「存款」後面有兩個多餘的半形空格；「流動資產」的每一個文字後面，都多空了一個半形的空格（合計4個），加總後共有6個多餘的半形空格。

■圖二 含有多餘空格的資料

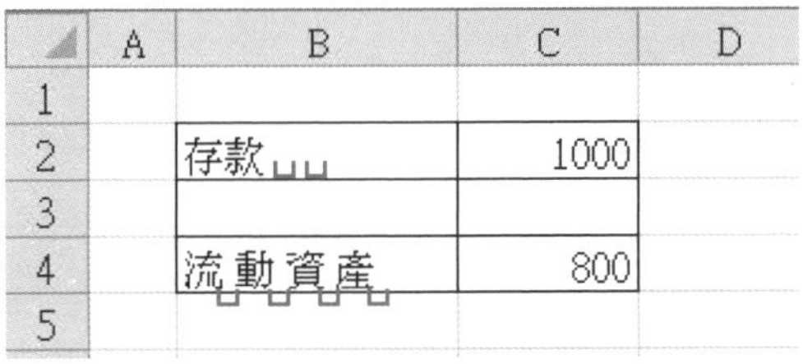

◢	A	B	C	D
1				
2		存款␣␣	1000	
3				
4		流 動 資 產	800	
5				

② 顯示「尋找及取代」功能方塊

從「常用」索引頁籤中，選取「尋找與選取」（或是使用快捷鍵「Ctrl＋H」），就會顯示「尋找及取代」的功能方塊（見圖三）。點選「取代」頁籤，在「尋找目標」中輸入想要刪除的「半形空格」（即在英數半形的環境下按一下空白鍵），「取代成」的欄位中則什麼都不要輸入，之後點選「全部取代」。

■圖三　刪除不必要空格的設定法

在初始設定中，系統預設為不區分全形與半形空格搜尋，如果需要區分全形與半形，必須先點選「尋找及取代」功能方塊中的「選項」，並在「全半形須相符」項目中打「v」）（見圖四）。

■圖四　將搜尋條件設定為「全半形須相符」

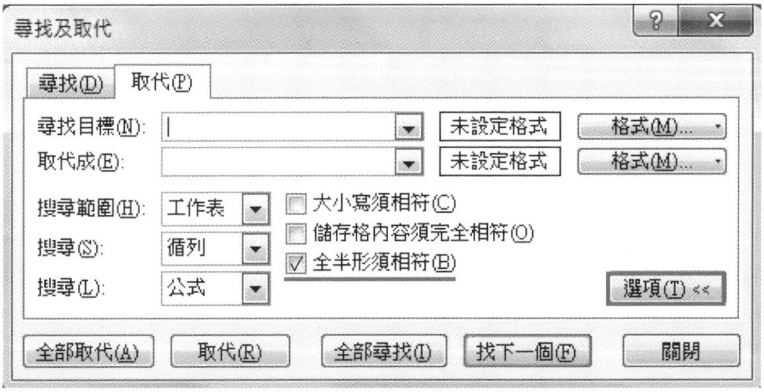

③ 刪除不必要的空格

　　如圖五所示，共有 6 個半形空格被刪除，工作表上沒有多餘的空格了。

■圖五　使用「取代」功能刪除不必要的空格

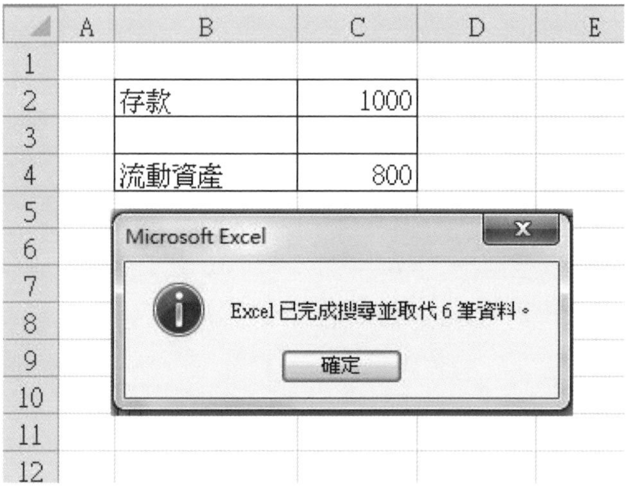

第四章

資料分析一鍵結果就出來，不必手工抓

　　第四章要向各位介紹有助於資料統計、檔案分析的技巧。一般來說，想提升數字的敏感度，必須下功夫練習，但如果學會「設定格式化的條件」功能，即使沒經過訓練，也能馬上從字海裡找到需要的數字。同時，利用「SUMIF」（譯註：SUMIF 函數是數學與三角函數之一，可加總符合多項準則的所有引數）等函數或「樞紐分析表」功能，也可在短時間內統計所有資料，簡單按下一鍵就自動分析出結果。

1 讓異常資料跳出來——設定格式化條件

2 輸入數字立刻算好，用公式別按計算機

3 最後一欄加總？公式別一一複製，瞬間套用

4 把符合條件的資料，抓出來加總：SUMIF

5 幾種條件都符合才加總：SUMIFS

6 數據貼上樞紐分析表，瞬間完成分析

1 讓異常資料跳出來——設定格式化條件

使用時間序列分析數字時（如製作借貸對照表），一般人較常將注意力放在數字變動較大的項目上。因此本節要說明如何使用「設定格式化的條件」，讓報表中數字變動較大（正負變動在10%以上）的會計科目變得更醒目。

① 開啟「新增規則」的功能方塊

選擇想要設定格式化條件的儲存格，點擊「常用」索引頁籤中的「設定格式化的條件」，並點選「新增規則」（見圖一）。

■圖一　開啟「新增格式化規則」的功能方塊

② 製作新增格式化規則

從「新增格式化規則」功能方塊中的「選取規則類型」裡，選擇「只格式化包含下列的儲存格」（見圖二）。之後，再從「編輯規則說明」中選取「不介於」，並於左邊的空格輸入「-10%」，在右邊的空格輸入「10%」後，點擊「格式」。

■圖二 設定新增格式化規則

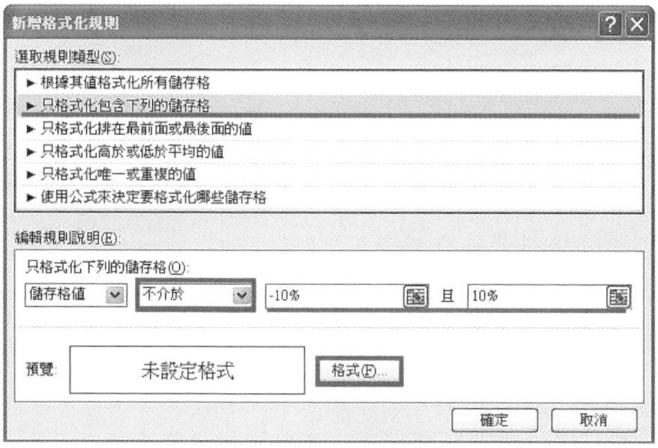

③ 設定滿足條件時的儲存格格式

從「儲存格格式」的功能方塊中，選擇「字型」頁籤，設定字型樣式為粗體、文字色彩為紅色（見下頁圖三）。設定完成後，點擊「確定」，就會回到圖二的「新增格式化規則」功能方塊，再點擊一次「確定」。

■ 圖三　設定滿足條件時的儲存格格式（粗體紅字）

④ 滿足條件時的顯示方式

如此一來，超過正負 10% 的儲存格，就會因為滿足設定條件，而自動以步驟③的設定方式（粗體紅字）顯示（見圖四）。

■ 圖四　滿足設定條件的資料，會以醒目的方式顯示出來

	E	F	G	H	I	J	K
1							
2							[金額單位：千日圓]
3		會計編碼	會計科目	2013/3	2014/3	增減	增減率
4		100	現金	260	264	4	2%
5		101	零用金	96	76	-19	-20%
6							

2 輸入數字立刻算好，用公式別按計算機

　　若能了解參照公式的架構，就能大幅縮短製作資料的時間。因此本節將說明①參照公式的四種類型、②按下 F4 變換參照公式、③絕對參照的使用方式（基本）、④絕對參照的使用方式（應用）、⑤參照公式的總整理，這五個設定要點。

① 參照公式的四種類型

　　參照公式共有四種類型：分別為 **1** 相對參照、 **2** 行列的絕對參照，**3** 行是相對參照，列是絕對參照、**4** 列是相對參照，行是絕對參照。

1 相對參照（例：D1）

　　在「A1」儲存格中輸入「=D1」。就表示，「A1」為設定參照公式儲存格，而「D1」儲存格則稱為參照來源。在相對參照的狀態下，如果複製「A1」儲存格的公式，並向下貼至「A2」及「A3」，參考來源也會向下移動為「=D2」及「=D3」（見圖一）。

■ 圖一　相對參照

	A	B	C	D	E	F
1	=D1					
2	=D2					
3	=D3	=E3	=F3			

　　另外，如果複製「A3」儲存格的公式，並向右貼至「B3」及「C3」，參照來源也會向右移動為「=E3」及「=F3」。簡單來說，相對參照是一種連動關係，會隨著帶有參照公式儲存格的移動，而變動參照來源的儲存格。

2 行列的絕對參照（例：$D$1）

　　在「A1」儲存格中輸入「=$D$1」。在行與列是絕對參照的狀態下，將「A1」的公式複製並貼在「A2」、「A3」、「B3」、「C3」這幾個 L 字型的儲存格中，參照來源的儲存格並不會產生變動（見圖二）。在行與列都是絕對參照的狀態下，帶有參照公式的儲存格就算發生變動，參照來源也不會隨著改變。

■圖二　行列的絕對參照

	A	B	C	D	E	F
1	=$D$1					
2	=$D$1					
3	=$D$1	=$D$1	=$D$1			

3 行是相對參照，列是絕對參照（例：D$1）

　　在「A1」儲存格中輸入「=D$1」。在行是相對參照，列是絕對參照的狀態下，就算複製「A1」儲存格的公式，並向下貼至「A2」及「A3」儲存格，因為列是絕對參照，因此參考來源並不會從「=D1」產生變動（見圖三）。但是，如果複製「A3」儲存格的公

式，並向右貼至「B3」及「C3」儲存格，因為行是相對參照，參考來源也會跟著向右移動為「=E1」及「=F1」。

■圖三　行是相對參照，列是絕對參照

	A	B	C	D	E	F
1	=D$1					
2	=D$1					
3	=D$1	=E$1	=F$1			

4 列是相對參照，行是絕對參照（例：$D1）

在「A1」儲存格中輸入「=$D1」。列是相對參照，行是絕對參照的狀態下，複製「A1」儲存格的公式，並向下貼至「A2」及「A3」儲存格，因為列是相對參照，因此參考來源也會向下移動為「=D2」及「=D3」（見圖四）。但是，如果複製「A3」儲存格的公式，並向右貼至「B3」及「C3」儲存格，因為行是絕對參照，參考來源並不會從「D3」向右移動為「=E3」及「=F3」。

■圖四　列是相對參照，行是絕對參照

	A	B	C	D	E	F
1	=$D1					
2	=$D2					
3	=$D3	=$D3	=$D3			

② 按下 F4 變換參照公式

選定帶有參照公式的儲存格（例如 D1）後，按「F4」鍵一～四次，參照公式就會如下變化。

> 按一次「F4」鍵…行列的絕對參照（例：$D$1）
>
> 按二次「F4」鍵…行是相對參照，列是絕對參照（例：D$1）
>
> 按三次「F4」鍵…列是相對參照，行是絕對參照（例：$D1）
>
> 按四次「F4」鍵…回到初始狀態→行列的相對參照（例：D1）

③ 絕對參照的使用方式（基本）

以下就用計算 2014 年 3 月季度的資產總計中，各項資產的結構比為例，說明絕對參照的使用方式（見圖五）。首先，先計算資產總計中，現金存款占了多少百分比。在「D5」儲存格中輸入「＝」後，使用滑鼠點選「C5」儲存格，再使用鍵盤輸入「/」，再次用滑鼠點選「C14」儲存格，並按一下鍵盤上的「F4」鍵。這樣一來，就會像圖五一樣，D5 儲存格中出現了「＝C5/$C$14」。

如果只是要計算現金存款的結構比例，不需要使用絕對參照的公式，但若你要接著計算 B 行底下，所有應收帳款、流動資產總計等結構比，在「D5」儲存格設定好絕對參照的計算公式，並將計算公式向下複製貼上，作業會更有效率。

■圖五　將設定好的公式向下複製貼上，可快速計算出各項占比

	A	B	C	D	E	F
1						
2			2014 年 3 月季度		2015 年 3 月季度	
3			金額（千日圓）	結構比（％）		結構比（％）
4		資金				
5		現金存款	100	=C5/$C$14	120	
6		應收帳款	500		650	
7						
8		流動資金總計	1,200		1,800	
9		建築物	1,000		1,300	
10		建築物附屬設備	500		600	
11		機器設備	300		330	
12						
13		固定資產總計	2,800		3,200	
14		資產總計	4,000		5,000	

複製貼上公式

④ 絕對參照的使用方式（應用）

　　前文已在 D5 儲存格中輸入「＝C5/$C$14」。這時，如果我們將 D5 儲存格的公式，以複製貼上的方式，將此公式逐項貼在代表 2014 年 3 月季度結構比的 D 行，與 2014 年 3 月季度的資產合計金額 4000 萬相除，就能正確算出各資產的占比。

　　但是，如果將 D5 的公式，貼在代表 2015 年 3 月季度結構比的 F5 儲存格中，公式會變成「＝E5/$C$14」，因而無法算出正確占比（見下頁圖六）。當然，如果把 F5 儲存格的計算公式，手動修改成

「＝E5/$E$14」，也能得到正確答案，但這樣的修正可能會額外多花我們 1 分鐘調整，還是不夠方便。

■圖六　直接複製並貼上 D5 的公式到 F5，無法得到正確占比

▲	A	B	C	D	E	F
1						
2			2014 年 3 月季度		2015 年 3 月季度	
3			金額（千日圓）	結構比（％）		結構比（％）
4		資金				
5		現金存款	100	＝C5/$C$14	120	＝E5/$C$14
6		應收帳款	500		650	
7		⋮				
8		流動資金總計	1,200		1,800	
9		建築物	1,000		1,300	
10		建築物附屬設備	500		600	
11		機器設備	300		330	
12		⋮				
13		固定資產總計	2,800		3,200	
14		資產總計	4,000		5,000	

　　最初在 D5 儲存格中輸入「＝C5/$C$14」，意為「C14」不論是在行或列的方向，都被固定不變動，但就算不約束行的變化（意即將行改為相對參照），在 D5 儲存格中輸入「＝C5/C$14」（見圖七），並在 D 行向下複製貼上，也可得到同樣的計算結果。此外，因為此公式中沒有行的絕對參照，當我們將 D5 儲存格的公式直接複製貼上到 F5 時，公式就會自動轉變成「＝E5/E$14」，如此一來，就能正

確計算出 2015 年 3 月季度的結構比。

■圖七　更改 D5 公式設定，就可直接複製至 F5，得到正確占比

	A	B	C	D	E	F
1						
2			2014 年 3 月季度		2015 年 3 月季度	
3			金額（千日圓）	結構比（%）		結構比（%）
4		資金				
5		現金存款	100	=C5/C$14	120	=E5/E$14
6		應收帳款	500		650	
7						
8		流動資金總計	1,200		1,800	
9		建築物	1,000		1,300	
10		建築物附屬設備	500		600	
11		機器設備	300		330	
12						
13		固定資產總計	2,800		3,200	
14		資產總計	4,000		5,000	

⑤參照公式的總整理

■ 行列的絕對參照（例：$C$14）

　　因為行跟列都被固定，因此只能在一定要參照 C14 儲存格的狀況下使用。如同圖五說明的一樣，如果只是單獨計算 2014 年 3 月季度同一行的計算，使用行列的絕對參照不會有問題。

2 列是絕對參照，行是相對參照（例：C$14）

　　只有橫向的列被固定，因此可將此公式直接複製貼上在行方向（縱向）的儲存格，並快速得到正確答案。此外，當其他行需要使用同樣的公式計算時，也可直接複製貼上。

3 行是絕對參照，列是相對參照（例：$C14）

　　只有縱向的行被固定，因此可將此公式直接複製貼上在列方向（橫向）的儲存格，並快速得到正確答案。此外，當其他列需要使用同樣的公式計算時，也可直接複製貼上。

最後一欄加總？
公式別一一複製，瞬間套用

　　製作比較報表分析數字增減額或增減率時，經常得在待分析的數字旁，輸入同樣的公式。此時，我們大多使用滑鼠拖曳複製，但如果需要複製貼上的儲存格數量較多，就會耗上許多時間。因此本節要說明，如何瞬間將執行分析所需的公式套用到工作表。

　　為了計算現金存款的增減額，我們先在「G4」儲存格中輸入「＝F4-E4」；在「H4」儲存格中輸入「＝G4/E4」，可計算增減率，完成後會得到兩個數據（見圖一）。接著，同時選取「G4」及「H4」儲存格，並將滑鼠游標移到「H4」儲存格的右下角邊線上。此時游標會變成「＋」的形狀，在此狀態下，連續點擊滑鼠左鍵兩次。

■圖一　在起始儲存格中輸入公式，於右下角點擊滑鼠左鍵兩次

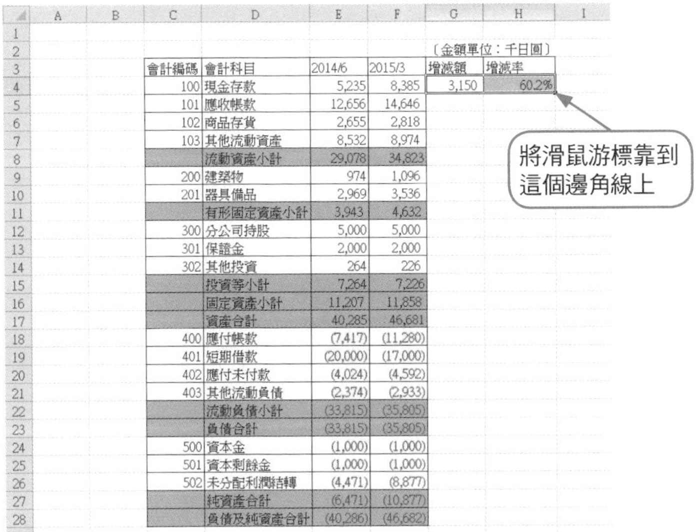

將滑鼠游標靠到這個邊角線上

上述操作完成之後，列表下方的儲存格就會自動套用公式並完成計算（見圖二）。

■圖二　系統自動將公式帶入底下的儲存格，並瞬間完成計算

	A	B	C	D	E	F	G	H
1								
2								[金額單位：千日圓]
3			會計編碼	會計科目	2014/6	2015/3	增減額	增減率
4			100	現金存款	5,235	8,385	3,150	60.2%
5			101	應收帳款	12,656	14,646	1,990	15.7%
6			102	商品存貨	2,655	2,818	163	6.1%
7			103	其他流動資產	8,532	8,974	442	5.2%
8				流動資產小計	29,078	34,823	5,745	19.8%
9			200	建築物	974	1,096	122	12.5%
10			201	器具備品	2,969	3,536	567	19.1%
11				有形固定資產小計	3,943	4,632	689	17.5%
12			300	分公司持股	5,000	5,000	0	0.0%
13			301	保證金	2,000	2,000	0	0.0%
14			302	其他投資	264	226	(38)	-14.4%
15				投資等小計	7,264	7,226	(38)	-0.5%
16				固定資產小計	11,207	11,858	651	5.8%
17				資產合計	40,285	46,681	6,396	15.9%
18			400	應付帳款	(7,417)	(11,280)	(3,863)	52.1%
19			401	短期借款	(20,000)	(17,000)	3,000	-15.0%
20			402	應付未付款	(4,024)	(4,592)	(568)	14.1%
21			403	其他流動負債	(2,374)	(2,933)	(559)	23.5%
22				流動負債小計	(33,815)	(35,805)	(1,990)	5.9%
23				負債合計	(33,815)	(35,805)	(1,990)	5.9%
24			500	資本金	(1,000)	(1,000)	0	0.0%
25			501	資本剩餘金	(1,000)	(1,000)	0	0.0%
26			502	未分配利潤結轉	(4,471)	(8,877)	(4,406)	98.5%
27				純資產合計	(6,471)	(10,877)	(4,406)	68.1%
28				負債及純資產合計	(40,286)	(46,682)	(6,396)	15.9%

4 把符合條件的資料，抓出來加總：SUMIF

　　財務及會計人員的日常業務中，大多需要統計費用明細，並製成費用明細表。本節將說明如何使用 SUMIF 函數，使會計流程更簡便的方法。

① 函數是什麼

　　函數是「預先定義好的計算公式」，可在 Excel 中執行各式各樣的計算，其結構如圖一所示。在「＝」之後輸入函數名稱，並於括號中寫入執行計算所需要的訊息。訊息從左開始，依序為第一引數，第二引數，第三引數；引數的數量會因函數的類別或計算內容而不同。如果是 SUMIF 函數，第一引數為「搜尋範圍」，第二引數為「搜尋條件」，第三引數為「加總範圍」。以下將一邊計算費用明細，一邊說明 SUMIF 函數的使用方式。

■圖一　函數的構造

＝函數名（第一引數，第二引數，第三引數……）
＝SUMIF（搜尋範圍，搜尋條件，加總範圍）

② 插入 SUMIF 函數

選取欲使用 SUMIF 函數數值統計的「C18」儲存格後,從「公式」索引頁籤中,選擇「插入函數」(見圖二)。從頁面中顯示的「插入函數」的功能方塊中,選擇「SUMIF」,並點擊「確認」。

如果你在「選取函數」中沒有看到顯示「SUMIF」,可在「搜尋函數」的欄位中,輸入「SUMIF」(大小寫皆可),並點選「開始」,系統就會在「選取函數」顯示「SUMIF」。

■圖二 選擇 SUMIF 函數

另外，如果不想透過「公式」索引頁籤選擇，可點擊頁面上方系統預設的「插入函數」圖示（見圖二），同樣可開啟「插入函數」的功能方塊；使用快捷鍵「Shift＋F3」，也有同樣的效果。

③ 合計數值的統計

（1）設定範圍

插入 SUMIF 函數後，頁面會顯示「函數引數」的功能方塊，共有三個欄位待填，分別為 Range、Criteria 及 Sum_range（見圖三）。

■圖三　設定 SUMIF 函數

117

　　首先在 Range 中輸入「費用明細」的會計科目。輸入方式為：用滑鼠點一下 Range 欄位，在可以輸入資料的狀態下，用滑鼠選取記載費用明細會計科目「G4」到「G13」的儲存格。

　　將輸入在「C18」儲存格的函數，沿用至下方的儲存格會比較方便，但直接複製貼上的話，選擇的範圍會依序向下錯開一格，為避免這樣的狀況，這部分要設定為絕對參照公式。操作方法為：在輸入「Range」時，選取對象儲存格範圍後，按一下「F4」鍵，就會出現「$G$4:$G$13」，可固定行與列的絕對參照。

（2）設定搜索條件

　　同樣參照上頁的圖三，在 Criteria 欄位中輸入需要統計的項目。「C18」儲存格統計的是「差旅費」的金額，因此 Criteria 欄位內要輸入該項目所在的「B18」儲存格。

（3）設定統計範圍

　　接著，在 Sum_range 的欄位裡，要選取費用明細中記載金額的「H4」到「H13」儲存格。為了避免複製貼上時發生錯位，選取對象儲存格後，同樣要按一下「F4」鍵，設定為絕對參照。執行完上述作業之後，「C18」儲存格會出現函數「=SUMIF（$G$4:$G$13,B18,$H$4:$H$13）」（見上頁圖三最上方標線處）。

（4）公式的複製及貼上

選取「C18」儲存格並複製，直接向下貼上到「C28」儲存格為止，費用明細表統計就會自動完成（見圖四）。

■圖四　複製 SUMIF 函數並向下貼上，系統會自動完成統計

16	2.費用明細統計表	
17	會計科目	金額
18	差旅費	37,000
19	郵電費	120
20	交際費	7,000
21	職工福利	0
22	稅捐	0
23	文具用品	800
24	修膳費	0
25	書報雜誌	3,500
26	職教經費	1,500
27	開辦費	0
28	雜費	800
29	合計	50,720

5 幾種條件都符合才加總：SUMIFS

統計滿足單一條件的數值時，可用 SUMIF 函數；要統計滿足複數條件的數值時，使用 SUMIFS 函數會更方便。在本節裡，我會以 A 公司 5 月的伺服器營業額為例，說明以 SUMIFS 函數統計銷售數據的方式。

① 選擇SUMIFS函數

我想利用 SUMIFS 函數，從「5 月銷售一覽表」中，統計 A 公司伺服器產品營業額當中的銷售金額、消費稅及合計銷售金額。首先，在預定輸入 SUMIFS 函數的儲存格前，輸入「A公司」及「伺服器」作為搜索條件（見圖一）。接著選擇欲輸入 SUMIFS 函數的「H18」儲存格，並選取「公式→插入函數」叫出功能方塊。在「搜尋函數欄」中，輸入「SUMIFS」，點擊「開始」，系統就會顯示「SUMIFS」。選取該函數後，點擊「確定」。

■圖一　選擇 SUMIFS 函數

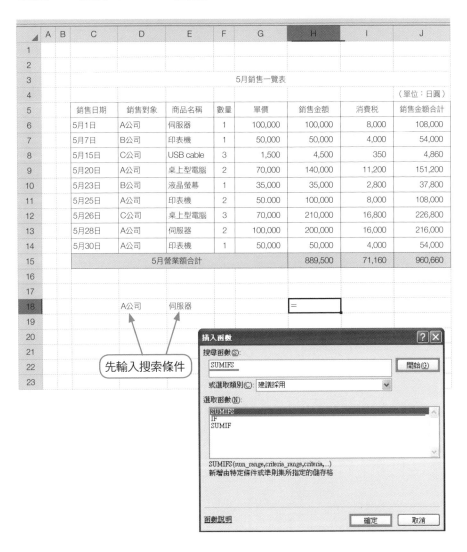

	銷售日期	銷售對象	商品名稱	數量	單價	銷售金額	消費稅	銷售金額合計
			5月銷售一覽表					
								（單位：日圓）
6	5月1日	A公司	伺服器	1	100,000	100,000	8,000	108,000
7	5月7日	B公司	印表機	1	50,000	50,000	4,000	54,000
8	5月15日	C公司	USB cable	3	1,500	4,500	350	4,860
9	5月20日	A公司	桌上型電腦	2	70,000	140,000	11,200	151,200
10	5月23日	B公司	液晶螢幕	1	35,000	35,000	2,800	37,800
11	5月25日	A公司	印表機	2	50.000	100,000	8,000	108,000
12	5月26日	C公司	桌上型電腦	3	70,000	210,000	16,800	226,800
13	5月28日	A公司	伺服器	2	100,000	200,000	16,000	216,000
14	5月30日	A公司	印表機	1	50,000	50,000	4,000	54,000
15		5月營業額合計				889,500	71,160	960,660

先輸入搜索條件

② 設定要統計的對象範圍

接著看到圖二，在「函數引數」功能方塊中的 Sum_range 欄位，選取我們要統計的銷售金額「H6」至「H14」儲存格（即 H6:H14」）。值得注意的是，由於函數引數功能方塊的初始值中，只有 Sum_range 及 Criteria_range1 各一個欄位，其實只要繼續輸入，系統就會自動出現其他欄位供你操作。

■圖二　設定要統計的對象範圍

	A	B	C	D	E	F	G	H	I	J
1										
2										
3						5月銷售一覽表				
4										（單位：日圓）
5			銷售日期	銷售對象	商品名稱	數量	單價	銷售金額	消費稅	銷售金額合計
6			5月1日	A公司	伺服器	1	100,000	100,000	8,000	108,000
7			5月7日	B公司	印表機	1	50,000	50,000	4,000	54,000
8			5月15日	C公司	USB cable	3	1,500	4,500	360	4,860
9			5月20日	A公司	桌上型電腦	2	70,000	140,000	11,200	151,200
10			5月23日	B公司	液晶螢幕	1	35,000	35,000	2,800	37,800
11			5月25日	A公司	印表機	2	50,000	100,000	8,000	108,000
12			5月26日	C公司	桌上型電腦	3	70,000	210,000	16,800	226,800
13			5月28日	A公司	伺服器	2	100,000	200,000	16,000	216,000
14			5月30日	A公司	印表機	1	50,000	50,000	4,000	54,000
15			5月營業額合計					889,500	71,160	960,660
16										
17										
18				A公司	伺服器			=SUMIFS(H6:H14		
19										
20										
21										
22										
23										

函數引數

SUMIFS

Sum_range　H6:H14　= {100000;50000;4500;140000;35000;100C

Criteria_range1　= 參照位址

新增由特定條件或準則集所指定的儲存格

Sum_range: 是要總和的實際儲存格。

計算結果 =

函數說明(H)　　　　　　　　　確定　取消

③ 設定第一個搜索條件

　　先設定第一個包含搜索條件的範圍。第一個條件是統計個別銷售對象的營業額（見圖三）。在 Criteria_range1 中，選取記載銷售對象公司名的「D6」至「D14」儲存格。由於後續我們打算將輸入在「H18」儲存格中的公式，以複製貼上的方式套用至右方儲存格，因此，必須在此處選好範圍後，按一下「F4」鍵，將行列都設定為絕對參照公式。

　　接著，在 Criteria1 欄中，選擇剛剛已輸入要統計的對象「A公司」的「D18」儲存格，並同樣將之設定成絕對參照公式。此時，第一個搜索條件「A公司」的銷售金額就會完成統計，出現「590000」的結果。

■圖三　設定第一個搜索條件

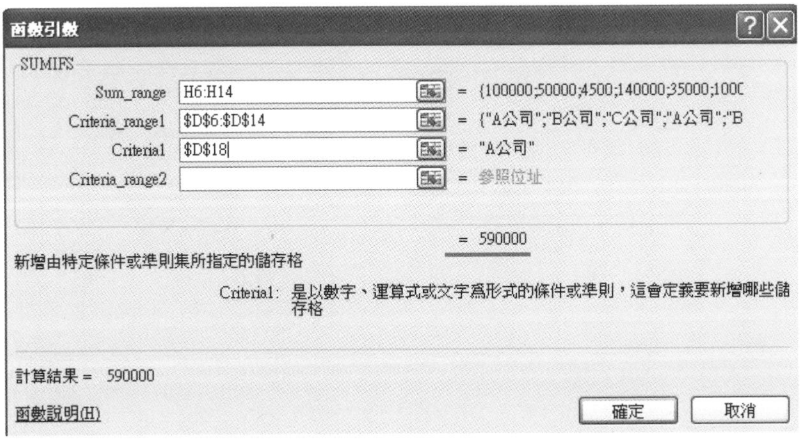

④ 設定第二個搜索條件

第二個條件是統計個別商品名的銷售金額。在 Criteria_range2 中，選取記載商品名稱的「E6」至「E14」儲存格，並將之設定成絕對參照公式。接著在 Criteria2 欄中，選擇「伺服器」的「E18」儲存格，此處也需要設定為絕對參照公式。此時，符合「A公司」與「伺服器」兩個搜索條件的銷售金額「300000」，已經統計完成（見圖四）。

如果你的統計作業需要使用到第三個以上的條件，可點擊函數引數功能方塊右邊的捲軸圖示，會顯示可輸入「Criteria_range3」及「Criteria3」的欄框。當所有要設定的條件都輸入完成，按下功能方塊中的「確定」，Excel 表中設定函數的儲存格裡，就會自動顯示出統計結果。

■圖四　設定第二個搜索條件

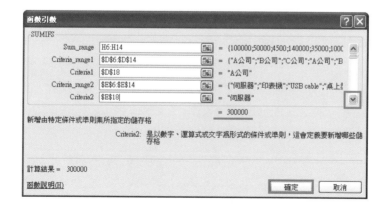

完成以上作業後，在「H18」儲存格中，就會出現針對「A公司」的「伺服器」產品的「銷售金額」所統計的結果。將公式以複製及貼上的方式套用到右邊的儲存格中（直接把「H18」儲存格右下角的「＋」向右拉），就可統計出該項目的「消費稅」及「銷售金額合計」（見圖五）。

■圖五 將已設定好的公式套用至其他儲存格

	銷售日期	銷售對象	商品名稱	數量	單價	銷售金額	消費稅	銷售金額合計
								（單位：日圓）
6	5月1日	A公司	伺服器	1	100,000	100,000	8,000	108,000
7	5月7日	B公司	印表機	1	50,000	50,000	4,000	54,000
8	5月15日	C公司	USB cable	3	1,500	4,500	360	4,860
9	5月20日	A公司	桌上型電腦	2	70,000	140,000	11,200	151,200
10	5月23日	B公司	液晶螢幕	1	35,000	35,000	2,800	37,800
11	5月25日	A公司	印表機	2	50.000	100,000	8,000	108,000
12	5月26日	C公司	桌上型電腦	3	70,000	210,000	16,800	226,800
13	5月28日	A公司	伺服器	2	100,000	200,000	16,000	216,000
14	5月30日	A公司	印表機	1	50,000	50,000	4,000	54,000
15	5月營業額合計					889,500	71,160	960,660
18		A公司	伺服器			300,000	24,000	324,000

5月銷售一覽表

直接向右拉即可顯示統計數字

數據貼上樞紐分析表，瞬間完成分析

使用樞紐分析表，可輕易統計各項數據。本節將說明如何使用樞紐分析表，執行上一節提到的「5月銷售一覽表」，並分析各家公司、各項產品的銷售金額統計。

① 選擇欲統計的數據範圍

選擇欲統計的數據範圍後，從「插入」索引頁籤中，點擊「樞紐分析表」（見圖一）。

■圖一　選擇欲統計數據的範圍，插入樞紐分析表

5月銷售一覽表

（單位：日圓）

銷售日期	銷售對象	商品名稱	數量	單價	銷售金額	消費稅	銷售金額合計
5月1日	A公司	伺服器	1	100,000	100,000	8,000	108,000
5月7日	B公司	印表機	1	50,000	50,000	4,000	54,000
5月15日	C公司	USB cable	3	1,500	4,500	360	4,860
5月20日	A公司	桌上型電腦	2	70,000	140,000	11,200	151,200
5月23日	B公司	液晶螢幕	1	35,000	35,000	2,800	37,800
5月25日	A公司	印表機	2	50,000	100,000	8,000	108,000
5月26日	C公司	桌上型電腦	3	70,000	210,000	16,800	226,800
5月28日	A公司	伺服器	2	100,000	200,000	16,000	216,000
5月30日	A公司	印表機	1	50,000	50,000	4,000	54,000
5月營業額合計					889,500	71,160	960,660

② 製作樞紐分析表

接著看到圖二，此時頁面會出現「建立樞紐分析表」的功能方塊，並顯示出你選取的範圍（即$C$5:$J$14），按下「確認」。

■圖二 製作樞紐分析表

③ 製作分析表欄位清單

完成②的操作後，會出現一個新的工作表頁，此工作表的右側會顯示「樞紐分析表欄位清單」的功能方塊（見下頁圖三）。在「選擇要新增到報表的欄位」中，勾選統計所需要的「銷售對象」、「商品名稱」、「銷售金額」、「消費稅」及「銷售金額合計」等項目。完成之後，工作表中就會像下頁圖四一樣，出現一張樞紐分析表。

■圖三 勾選樞紐分析表欄位清單

■圖四 樞紐分析表完成

列標籤	加總 - 銷售金額	加總 - 消費稅	加總 - 銷售金額合計
⊟A公司	590000	47200	637200
印表機	150000	12000	162000
伺服器	300000	24000	324000
桌上型電腦	140000	11200	151200
⊟B公司	85000	6800	91800
印表機	50000	4000	54000
液晶螢幕	35000	2800	37800
⊟C公司	214500	17160	231660
USB cable	4500	360	4860
桌上型電腦	210000	16800	226800
總計	889500	71160	960660

④ 使用千分位樣式，讓表格更容易閱讀

　　圖四的樞紐分析表沒有太大問題，但為了讓此表格更容易閱覽，我們可以先選取顯示金額的所有儲存格，並點擊「常用」索引頁籤中的「千分位樣式」（即「，」的功能圖示，快捷鍵為「Ctrl＋shift＋！」），讓金額的顯示變成千分位格式（見圖五）。

■圖五　使用千分位樣式，讓金額更容易閱覽

	A	B	C	D	E	F
1						
2						
3	列標籤 ▼	加總－銷售金額	加總－消費稅	加總－銷售金額合計		
4	⊟A公司	590,000	47,200	637,200		
5	印表機	150,000	12,000	162,000		
6	伺服器	300,000	24,000	324,000		
7	桌上型電腦	140,000	11,200	151,200		
8	⊟B公司	85,000	6,800	91,800		
9	印表機	50,000	4,000	54,000		
10	液晶螢幕	35,000	2,800	37,800		
11	⊟C公司	214,500	17,160	231,660		
12	USB cable	4,500	360	4,860		
13	桌上型電腦	210,000	16,800	226,800		
14	總計	889,500	71,160	960,660		
15						

⑤ 分析表摘要功能

在樞紐分析表中，有一個「分析表摘要」功能。只要連續兩次快速點擊顯示金額的儲存格，該金額的各項明細，就會自動顯示在另一張工作表中。

例如，連續點擊兩下記載 A 公司銷售金額 590,000 的「B4」儲存格，另一張工作表中，就會顯示這 590,000 元的所包含的各項明細（見圖六及圖七）。

■圖六　點擊兩下「B4」儲存格

	A	B	C	D
1				
2				
3	列標籤 ▼	加總 - 銷售金額	加總 - 消費稅	加總 - 銷售金額合計
4	⊟A公司	590,000.00	47,200.00	637,200.00
5	印表機	150,000.00	12,000.00	162,000.00
6	伺服器	300,000.00	24,000.00	324,000.00
7	桌上型電腦	140,000.00	11,200.00	151,200.00
8	⊟B公司	85,000.00	6,800.00	91,800.00
9	印表機	50,000.00	4,000.00	54,000.00
10	液晶螢幕	35,000.00	2,800.00	37,800.00
11	⊟C公司	214,500.00	17,160.00	231,660.00
12	USB cable	4,500.00	360.00	4,860.00
13	桌上型電腦	210,000.00	16,800.00	226,800.00
14	總計	889,500.00	71,160.00	960,660.00
15				

■圖七　系統自動在另一張工作表顯示該銷售額的各項明細

	A	B	C	D	E	F	G	H
1	銷售日期 ▼	銷售對象 ▼	商品名稱 ▼	數量 ▼	單價 ▼	銷售金額 ▼	消費稅 ▼	銷售金額合計 ▼
2	2016/5/30	A公司	印表機	1	50000	50000	4000	54000
3	2016/5/25	A公司	印表機	2	50000	100000	8000	108000
4	2016/5/1	A公司	伺服器	1	100000	100000	8000	108000
5	2016/5/28	A公司	伺服器	2	100000	200000	16000	216000
6	2016/5/20	A公司	桌上型電腦	2	70000	140000	11200	151200

第二部

應用剛學到的基本功，
一秒晉升專業人士

第一部介紹了消滅低級錯誤的 Excel 技巧，不但可以讓你減少出錯率，還能早別人一步完成工作。在第二部，我們要活用在第一部學習的內容，說明「一看就懂的高質感報表製作技巧」及「用 Excel 內建基礎函數，一天晉升專業菁英」。

第五章

一看就懂的
高質感報表製作技巧

公司裡隨處可見以 Excel 製作的資料。業務部有銷售明細表、會計部有資產負債表、經營者則需要編列全公司的預算，就連一般會議，也常用到 Excel 報表。此時，如果每個人都各自為政，以自己的習慣製作 Excel 資料，公司上下混雜著各種格式不一的報表，將會增加情報共享的困難度。

因此，在第五章，我要說明情報共享的各項重點，以及製作一看就懂的高質感報表技巧。在情報共享的部分，我會先介紹世界共通的顧問級報表架構，之後說明一看就懂的報表格式，好讓人知道你做了什麼。最後，為避免資料內容出現錯誤，我還會列舉防錯、防呆的五個要點，讓報表凸顯你的聰明。

1 世界共通的顧問級報表架構
2 報表格式一看就懂，人家才知道你做了什麼
3 防錯、防呆五要點，報表凸顯聰明

　　為了能更有效率的共享情報，必須先製作一個容易閱覽且方便使用的標準格式（樣板），大致包含以下五個重點。

● 謹慎篩選，只記錄必要情報

● 遵循簡潔原則，製作容易閱讀、辨識度高的報表

● 數字計算的依據必須簡單明瞭

● 工作表間的數字連結清楚易懂

● 減少發生錯誤的機率

　　製作資料時，首先應該思考，這份資料會在何種情況下，應用於何種場合，再謹慎篩選對方需要知道的情報。如果資料中含有過多不必要的訊息，閱覽時就會浪費很多時間；反之，如果重要情報訊息不足，閱覽者便無法順利做出正確決策。

　　決定好資料內容後，接著要調整報表格式。如果隨意使用過多顏色或是外框線條，會使資料不易閱覽。因此，應遵守簡潔原則，如「記載個別數字的儲存格，底色不塗滿」、「記載合計數字的儲存格，使用柔和的顏色為底色」、「將字級改為11pt、列高改為18pt（預設值為13.5pt）；英數字型以粗細一致、字體瘦長的 Arial 為主」。如此一來，就能製作出容易閱讀、辨識度高的報表。

　　同時，不光是報表格式，裡頭各項數字的計算依據及連結也需仔細考量。一份資料常常會因為業務交接而改由其他人處理，因此你必須再三確認這份資料的架構，是否讓人容易閱覽及理解，這樣接手的人，就比較不會產生疑問，也能減少出錯。

1 世界共通的顧問級報表架構

在以專案為單位執行工作的會計師事務所，每一位員工都必須將自己腦中的情報（隱藏在腦中的經驗知識），轉換成資料形式後，公開與眾人共享。以下將依序說明①使用世界共通的標準格式製作資料、②利用參考標記，讓上下檔案連結貫通、③由他人預覽確認，達成情報共享與教育訓練。

① 使用世界共通的標準格式製作資料

我任職的青山監查法人（現已改名為普華永道 PwC Arata 會計事務所）是國際性會計師事務所的企業會員。PwC 與世界各地的會計師事務所合作，替多家跨國企業提供監察及諮商服務。但若是每間事務所都用自家格式製作資料，就不容易共享情報，因此 PwC 訂定了世界共通的製作標準，以避免格式混淆的問題。

記載了世界共通的標準格式的文件，最初以英文撰寫，並翻譯成各種語言。而在撰寫這份文件的過程中，主管會先行確認部屬撰寫的條例，若發現不符標準，便會要求資料製作者修正，這麼一來一往之下，終於完成了這份世界共通格式的情報共享架構。

新人必須先將分析後的資料，以簡單易懂的方式統整至這套架構。雖然有許多前輩的資料可供參考，但要將複雜的資料彙整到簡潔的格式中，仍舊是很艱難的工作，所以在我還是新人時，經常連週末假日都得來公司加班，否則根本趕不上進度。

　　若能依據標準格式製作資料，就可讓閱覽者在短時間內找到重要訊息。我曾處理過一份以英語撰寫的報表，儘管語言不通，但由於該報表完全依照標準格式製作，我一下子就找到了需要的資料。

　　與國外的會計師事務所合作時，對方寄來的英文資料常超過一百頁，從頭讀起非常辛苦。好在對方採用共通格式製作，只要先閱讀最前面的目錄，就能在短時間內找到需要的情報。我的做法是，先從目錄找出必讀的項目，並貼上便利貼。等到有空閒時，再慢慢開始閱讀，讀完後再把便利貼一張一張撕掉。

　　因為上述的經驗，我深刻的感受到，與國外人士溝通時，使用標準格式非常重要。說同一種語言的人，可靠默契了解彼此想要傳達的內容，但若是與文化及價值觀都不同的外國人往來，就必須使用一套共通的標準以減少誤解。而當你將腦中的想法，統整至簡潔清楚的文件格式裡時，同時也是在訓練自己的邏輯思維能力。

② 利用參考標記，讓上下檔案連結貫通

　　前言提過，會計師事務所會將各式各樣的情報以樹狀圖分析彙整，好讓任何人都能在最短時間內找出重要情報（見圖一）。但這樣的系統應該雙向進行，不能只有從精簡資料到詳細資料（「X→Y→Z」）時，可快速找出情報；反過來，由詳細資料到精簡資料（「Z→Y→X」）時，也必須達到同樣的效果。

　　此外，會計師事務所會在資料上標記參考出處，好讓閱覽者可輕易讀懂從上到下所有互相連結的資料。這有點像網頁上的超連結系統。以下簡單說明「參考標記」的思考方式。

■圖一　會計師事務所的情報共享系統

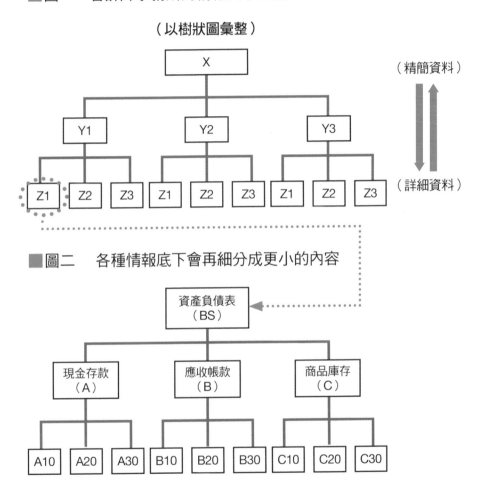

（以樹狀圖彙整）

（精簡資料）

（詳細資料）

■圖二　各種情報底下會再細分成更小的內容

　　要標記參考資料前，首先要設定各情報的來源。我以「確認資產負債表中的數字是否妥當」為例。上頁圖一中的「Z1」，其情報來源就是上頁圖二中的「資產負債表（BS）」。

　　決定情報來源後，接著要選擇用來標記該情報中各資料的英文代碼。例如資產負債表為「BS」，底下共有三項會計科目，我將現金存款設定為「A」、應收帳款為「B」、商品庫存為「C」等，代碼越簡潔越好。

　　決定各項的英文代碼後，接著要在各資料的右上方，以原子筆寫上英文代碼與數字組合的記號（例如，A10、A20、A30）。數字越小，表示該資料越上層（精簡資料）；數字越大表示越下層（詳細資料）。而設定 A10、A20、A30 這樣間隔十個數字的號碼，是為了萬一後續若要追加資料，可在 A10 及 A20 之間，直接擷取 A15 為新的記號。

　　我以圖三說明參考標記的標示方式。最右邊的「顧客別應收帳款明細表」的編號為「B20」，中間「應收帳款明細表」為「B10」、最左邊的「資產負債表」則為「BS10」。各位可以看見顧客別應收帳款明細表中，A 公司金額為 500，與上一層應收帳款明細表中 A 公司為 500 金額相同。

　　各位可以把這個過程想像成，將顧客別應收帳款明細表中的500，「遞用」到上一層應收帳款明細表裡，因此我們在此處標記應收帳款明細表的代碼 B10 。同時，應收帳款明細表中的 500，是從顧客別應收帳款明細表「承接」來的，所以在該數字旁邊寫上「B20／」。把應收帳款明細表裡的 8700，遞用到資產負債表時，也是同樣的標記邏輯。

■圖三　使用參考值的資料

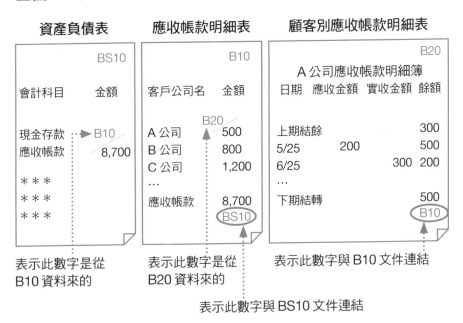

　　像這樣，把下一層資料中的數據遞用到上一層時，同時加註此數據的「去處」（將落地代碼圈起）及「來源」（在來源的代碼旁加上／），整份資料上的數據就能互相連貫，不論是向上找去處，或向下找來源，都會方便許多。

③ 由他人預覽確認，達成情報共享與教育訓練

　　儘管情報共享的架構完整，裡頭的資訊若是品質低落（如計算錯誤、情報不實等），就無法創造出該有的價值。因此，會計師事務所會採用「預覽確認」機制先行檢查，不但能確認資料是否正確，也可藉由檢查者的回饋，達到教育訓練的效果。

　　基層專員製作的資料，會由高級專員預覽，並指導資料製作者，修正不符合標準格式的內容，或是改善不完整的訊息。當基層專員修正所有的問題點以後，高級專員會在資料上簽名。同樣的，高級專員製作的資料會由經理級的主管預覽，專案經理製作的資料會由專案領導人預覽（如圖四所示）。

■圖四　會計師事務所的情報預覽及共享

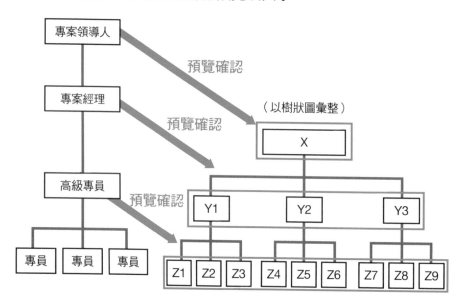

這套預覽確認的機制，不但能共享情報，還可同時完成專員的教育訓練。專員製作的資料必須提交給高級專員預覽，高級專員首先會確認文件內容，結束後則給予如下的回饋，以達成情報共享與教育訓練的目標。

高級專員：我看過你製作的資料了（見下頁圖五）。A 論點的部分應該沒問題，你確實彙整了A1、A2、A3 這三個個別資料。

專員：謝謝。

高級專員：至於 B 論點的部分，B1 應該沒有什麼問題，但是 B2 的資料，我覺得仍待調整。你在製作 B2 的資料前，有先閱讀審計準則委員會的第〇〇期報告嗎？

專員：不好意思，我還沒閱讀。

高級專員：我想也是，你製作 B2 的內容雖然沒有錯，但在語彙的定義上有點曖昧不清。請你修正成審計準則委員會的第〇〇期報告中的用法。還有，為了加強說服力，我建議你再補充一個 B3 資料會比較好。

專員：我知道了，我馬上修正。

高級專員：對了，我沒有看到你以 C 論點製作的資料分析，你做好了嗎？

專員：我沒有做，您覺得那是必要的嗎？

高級專員：雖然並非百分之百必要，但我覺得預先準備的話，會比較完備。請你補上 C1、C2、C3 這三個資料。

■圖五　專員製作的資料與高級專員腦中的理想資料比對

（專員製作的資料）

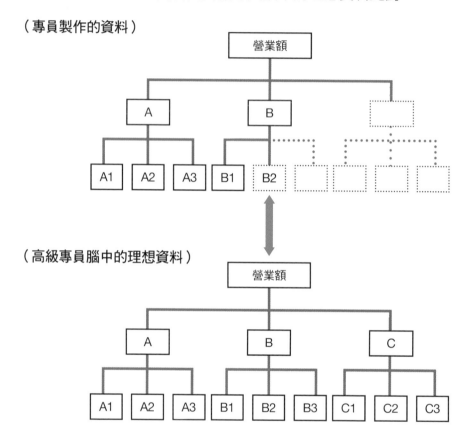

（高級專員腦中的理想資料）

　　將自己製作的資料交由他人預覽確認，就能發現其中原本看不出的問題點。我過去還是新人時，也經常被發現一堆問題，但經過不斷重複的預覽確認及指導，我的情報共享及彙整能力不斷進步。同樣的道理，各個階層的窗口，接受了上層主管的預覽確認及指導後，便能慢慢培養出以簡單且合乎邏輯的方式製作資料的技能。

2 報表格式一看就懂，人家才知道你做了什麼

　　使用標準格式（樣板），有助於情報共享，但這份標準格式要考量的，並不只是讓人一目了然而已，工作表之間的數字連結也必須清楚明瞭，本節將依序說明標準格式的幾個重點。

---

① 製作容易理解來龍去脈的檔案

② 加入工作簿構成圖，檔案關聯性更明確

③ 格式要盡量簡潔

④ 記載檔案來源或出處

⑤ 在頁尾加註檔案名或工作表名稱

⑥ 使用容易搜尋的檔案名稱

⑦ 將不需要的工作表隱藏

---

① 製作容易理解來龍去脈的檔案

　　使用 Excel 編列全公司預算等複雜作業時，必須在個別的工作表上計算預估營業額、人事成本預算、預估管理費用等，並於另一個工作表中，將這些個別計算好的數字加總，統計出一個最終數字。利用 Excel 檔案製作這些資料時，可將檔案的來龍去脈以樹狀圖的形式先畫出來（見下頁圖一），如此一來，不但可以縮短說明時間，還能幫助你在計算失誤時，更快找出是哪個環節出了問題。

■圖一　工作表的構造

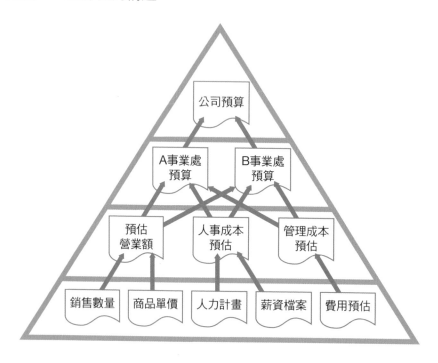

以下說明個別工作表的製作方式。製作 A 事業處的人事成本預算時，要從公司全體的「人力計畫」及「薪資檔案」中，摘要出跟 A 事業處有關的資料，以便計算每個月的人事成本（見圖二）。接著，將人事成本預算工作表中的薪資、獎金及法定福利金等，統整至 A 事業處預算的工作表（見第 146 頁圖三），便能算出預算。最後再將全公司各事業處的預算加總起來，即可完成全公司的預算。如果能像這樣，先製作一個資料來源及去向都很清楚的 Excel 檔案，日後更新資料時，只要輸入新的數字即可。

■圖二　從人事成本預算工作表摘要出與A事業處有關部分

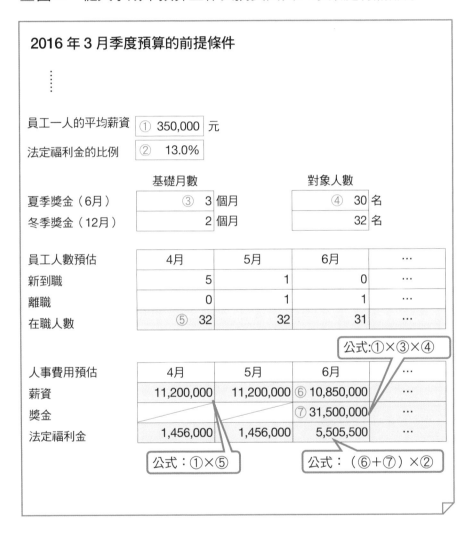

2016 年 3 月季度預算的前提條件

⋮

| 員工一人的平均薪資 | ① 350,000 元 |
| 法定福利金的比例 | ② 13.0% |

	基礎月數	對象人數
夏季獎金（6月）	③ 3 個月	④ 30 名
冬季獎金（12月）	2 個月	32 名

員工人數預估	4月	5月	6月	⋯
新到職	5	1	0	⋯
離職	0	1	1	⋯
在職人數	⑤ 32	32	31	⋯

公式:①×③×④

人事費用預估	4月	5月	6月	⋯
薪資	11,200,000	11,200,000	⑥ 10,850,000	⋯
獎金			⑦ 31,500,000	⋯
法定福利金	1,456,000	1,456,000	5,505,500	⋯

公式：①×⑤

公式：（⑥+⑦）×②

■圖三　A事業處預算工作表

2016 年 3 月季度費用預算				
會計科目	4月	5月	6月	…
⋮				
薪資	11,200,000	11,200,000	10850000	
獎金			31,500,000	
法定福利金	1,456,000	1,456,000	5,505,500	
⋮				

同時，個別工作表的排列方式，最好能由右至左（或由左至右），依照層級高低排序（見圖四），並讓記載了最終統計數字的工作表呈現在最左（或右）邊。這個步驟非常重要，如果能依此規則安排工作表的順序，你在統計各項數據時，由於上、下一層的工作表就在隔壁頁，很快就能找到，而不必逐一打開所有的工作表尋找。同樣的道理，報表完成後，閱覽者若有疑問，也只需打開相鄰頁的工作表對照即可。

■圖四　將個別工作表依層級高低排序

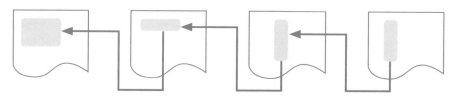

不論由左至右或由右至左排序皆可，但一定要統一一個方向

　　製作各項報表時，將帶有層級關係的數據資料，以規律的方式呈現，之後接手（或閱覽資料）的人，就比較容易看懂整份資料的來龍去脈。很多人忽略了這個道理，導致他人在閱讀報表時，光是了解檔案中的數字關聯就吃了不少苦頭。身為一個專業的商業人士，必須設法讓閱覽者不必花費太多力氣，單純追溯數字，就能了解 Excel 各張工作表間的關聯，進而理解你想表達的重點。

② 加入工作簿構成圖，檔案關聯性更明確

　　製作如「全公司年度預算」等內容較為複雜的 Excel 報表時，加入工作簿構成圖，可讓人更容易理解各報表間的連結關係（見下頁圖一）。

　　全公司的預算是由各部門提供的數據累計而來，因此，一定要在各個工作表上明確記載階層的名稱。如此一來，一旦發現數據有誤，或是因前提條件變更（如原物料調漲，採購部的預算就得變高）而需要修改數字時，就可迅速找出待修正之處。如果各位覺得下頁圖一的構成圖太過複雜，也可以改成下頁圖二的一覽表，將各階層的序號及工作表名稱清楚標示出來。

■圖一 工作簿構成圖1

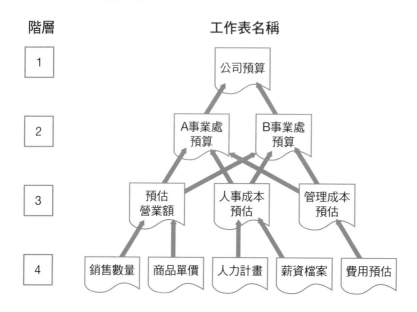

■圖二 工作簿構成圖2（一覽表）

階層	工作表名稱
1	全公司整體預算
2	A事業處預算、B事業處預算
3	預估營業額、預估人事成本、預估管理成本
4	銷售數量、商品單價、人力計畫、薪資檔案、費用預估

※工作簿構成圖中的各階層彼此相連，如同 Excel 檔案裡每張工作表，都有上、下層互相連結的關係。

③ 格式要盡量簡潔

雖然 Excel 可以自由設定格式，但如果使用太多顏色或框線類型過於複雜，反而會讓報表不易閱覽。因此，我在製作表格時，會簡單將表單內容分成記載「個別數字」與「合計數字」兩種儲存格類型，製作讓人一看就懂的報表（見下方圖一）。

接著，在個別數字的儲存格中，我會設定「使用千分位符號」及「以（　）表示負數」這兩個格式，但我不會為了閱覽方便，而在儲存格或是數字上加上顏色。另一方面，在帶有公式或記載了合計數字的儲存格中，我還會以柔和的淺色塗滿，使文字醒目。

■圖一　一看就懂的儲存格格式設定

（單位：千日圓）

項目	修正前	修正①	修正②	修正③		修正後
			精算表			
A	100	10	（5）	（10）		95
B	200	（20）	20	（20）		180
C	300	30	（15）	30		345
						0
合計	600	20	0	0	0	620

・統一文字字型，中文及英數各用一種（英數建議用 Arial 字體）
・文字設定為 11 pt，列高設定為 18 pt（預設為 13.5 pt）
・文字以黑色及黑色之外的另一種顏色為主（紅色請留給負數）
・框線使用兩種黑色實線（一般粗細的線條及更粗一點的線條）
・只將帶有公式及記載合計數字的儲存格，以柔和的淺色塗滿

④ 記載檔案來源或出處

更新工作表時，常常會不知道該數字是來自哪個資料。每月更新一次的報表因為頻率較高，比較沒有這樣的問題，但對於每季，甚至一年才更新一次的檔案而言，這就是個很大的困擾。為此，你必須在報表中加註資料來源（Source data）為何（見下方圖一標線處）。若能做到這一點，之後接手的人，作業時會更省力。

■圖一　在工作表中加註資料來源或出處

長期未收應收帳款一覽表

公司名稱	應收延遲天數				合計
	0〜30天	31〜60天	61〜90天	超過90天	
ABC公司	1,500				1,500
DET公司	1,400				1,400
GHI公司		1,200			1,200
JKL公司	200	300			500
MNO Ltd.			400	700	1,100
PQR公司		350	250		600
STU Co.,Ltd			500	300	800
合計	3,100	1,850	1,150	1,000	7,100

（Source data：2015 年 5 月底應收帳款帳齡調查表）

⑤ 在頁尾加註檔案名或工作表名稱

在各工作表的頁尾中，加註檔案名或工作表名稱，將有意想不到的幫助。如果忘記前次作業時的檔案，存放在電腦的哪個資料

夾，只要確認紙本資料上的頁尾名稱，就可使用該檔案名稱搜尋。

　　同時，若能將工作表名稱一起列印出來，使用紙本資料一邊講電話或在會議上討論，也能很明確的讓對方知道，目前所講的是哪一張工作表（在頁尾加入工作表名稱的方法，可參閱第二章）。

⑥ 使用容易搜尋的檔案名稱

　　編列公司預算時，因為工作量龐大，常需要花上好幾天的時間。此時，若能依每日進度將 Excel 以容易搜尋的檔案名稱（如日期）存檔，除了可管理進度之外，就算途中發現作業內容有誤，也可以馬上使用舊的檔案，回復到發生錯誤前的進度。

　　如同下方圖一所示，各位可在檔案名稱後面加入『d○』，（取草稿〔draft〕的簡寫 d，及第幾個工作表的號碼之意）。如果草稿號碼後面要加入日期，可寫上如 20150506 八位數字記錄作業日期。當你要使用檔案總管列表時，就可讓系統依照檔案名稱上的日期排序，讓最新的版本永遠顯示在最後一個（若反向排序，最新版本會出現在第一個）。

■圖一　檔案名稱的命名規則

簡潔顯示檔案內容的名稱　　草稿編號　　日期（西元年月日的順序）

⑦ 將不需要的工作表隱藏

完成 Excel 檔案後，應儘早將不需要的工作表隱藏。想隱藏那些閱覽資料的人不需要看到的工作表，可在檔案左下角的工作表名稱上按右鍵，並選擇「隱藏」，將之從報表中隱蔽（見圖一）。以各位手上的這本書為例，我在完成這本書的原稿後，也是以 Excel 格式交付給出版社，但我將原稿裡用不到的工作表都做了隱藏設定。

■圖一　從左下角的工作表名稱中選擇「隱藏」功能

從 Excel 2013 版開始，每次開啟新檔案（建立新的活頁簿）時，初始設定只有一張工作表，但較舊的 Excel 2010 版，其初始設定則為三張工作表。如果你希望每次建立新的活頁簿只有一張工作表，可從「檔案」索引標籤中點選「選項」、開啟「Excel 選項」的功能方塊，將「建立新的活頁簿時」底下的「包括此多個工作表」中的設定由「3」改為「1」（見圖二）。

■圖二　調整開啟活頁簿時的預設工作表數目（Excel 2010版）

3 防錯、防呆五要點，報表凸顯聰明

好不容易完成了容易閱覽的報表，如果裡頭的資料（尤其是數字）有誤，他人對你的評價就會變低。但人總有出錯的時候，想減少錯誤不能光靠注意力，在製作資料的過程中做到一些小動作，就能防堵大部分的人為失誤。

我在製作 Excel 資料時，會採用「確認行、列的加總結果是否一致」的方式來防止計算錯誤；如果要製作較複雜的 Excel 檔案，我也會先製作「工作項目一覽表」並於事後逐項確認。資料完成後，我會在追加各項資料的參考標記時，再次確認數字間的連結是否正確，這些看似無用的小動作，都能幫你找出資料中隱藏的地雷，讓你的報表更臻完美。

① 在加總行列前插入「備用行」及「備用列」

② 確認行、列的加總結果是否一致

③ 公式必須盡量簡短

④ 製作工作項目一覽表及確認項目明細表

⑤ 標記參考資料編號，同時確認數字連結是否正確

① 在加總行列前插入「備用行」及「備用列」

如圖一所示，在含有加總公式的儲存格前，沒有預先多安排一行或一列的話，後來追加插入的「行」或「列」就很容易被遺漏在加總範圍外（見圖二）。

■圖一　未在加總公式前安排備用行及列：插入前

插入一行

	A	B	C	D	E
1					合計
2	＊＊＊1	××	××	××	=SUM（B2:D2）
3	＊＊＊2	××	××	××	
4	＊＊＊3	××	××	××	
5	＊＊＊4	××	××	××	
6	＊＊＊5	××	××	××	
7	＊＊＊6	××	××	××	
8	＊＊＊7	××	××	××	
9	＊＊＊8	××	××	××	
10	＊＊＊9	××	××	××	
11	＊＊＊10	××	××	××	
12	合計		=SUM（C2:C11）		

插入一列

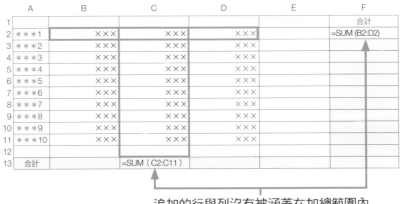

■圖二　未在加總公式前安排備用行及列：插入後加總並未修正

	A	B	C	D	E	F
1						合計
2	＊＊＊1	××	××	××		=SUM (B2:D2)
3	＊＊＊2	××	××	××		
4	＊＊＊3	××	××	××		
5	＊＊＊4	××	××	××		
6	＊＊＊5	××	××	××		
7	＊＊＊6	××	××	××		
8	＊＊＊7	××	××	××		
9	＊＊＊8	××	××	××		
10	＊＊＊9	××	××	××		
11	＊＊＊10	××	××	××		
12						
13	合計		=SUM（C2:C11）			

追加的行與列沒有被涵蓋在加總範圍內

加總前若預先安排備用行（D）及備用列（11），之後在加總範圍中插入新的行或列時（見圖三），加總公式便會自動修正（見圖四）。如果你覺得版面上有空白的備用行或列不好看，可另外調整該行或列的欄寬及列高，讓版面看起來不會那麼突兀。

■圖三　預先在加總公式前安排備用行及列：插入前

插入一行

	A	B	C	D	E
1					合計
2	＊＊＊1	×××	×××		=SUM (B2:D2)
3	＊＊＊2	×××	×××		
4	＊＊＊3	×××	×××		
5	＊＊＊4	×××	×××		
6	＊＊＊5	×××	×××		
7	＊＊＊6	×××	×××		
8	＊＊＊7	×××	×××		
9	＊＊＊8	×××	×××		
10	＊＊＊9	×××	×××		
11					
12	合計		=SUM（C2:C11）		

插入一列

■圖四　預先加總公式前安排備用行及列：插入後加總自動修正

	A	B	C	D	E	F
1						合計
2	＊＊＊1	×××	×××	×××		=SUM (B2:E2)
3	＊＊＊2	×××	×××	×××		
4	＊＊＊3	×××	×××	×××		
5	＊＊＊4	×××	×××	×××		
6	＊＊＊5	×××	×××	×××		
7	＊＊＊6	×××	×××	×××		
8	＊＊＊7	×××	×××	×××		
9	＊＊＊8	×××	×××	×××		
10	＊＊＊9	×××	×××	×××		
11	＊＊＊10	×××	×××	×××		
12						
13	合計		=SUM（C2:C12）			

追加的行列已涵蓋在加總範圍內

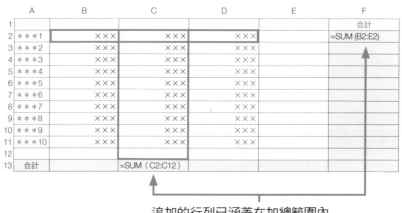

② 確認行、列的加總結果是否一致

　　Excel 報表最容易發生的錯誤，就是行、列的加總結果不一致。

　　我們可以在報表中加入 SUM 函數（見圖一），縱向行的加總用「=SUM(E2:E11)」，橫向列的加總用「=SUM(B12:D12)」，之後在最底下加入「縱向行加總減掉橫向列加總」的驗證公式「=E12-E14」。

　　除了加入驗證公式外，你還可以使用滑鼠選取想要加總的儲存格範圍，工作表的右下角便會顯示平均值、項目個數及加總結果（見圖二），之後再將系統顯示的加總結果以計算機驗算即可。

■圖一　在報表中加入 SUM 函數及驗證公式

	A	B	C	D	E
1					合計（行）
2	＊＊＊1	×××	×××	×××	=SUM(B2:D2)
3	＊＊＊2	××××	×××	×××	=SUM(B3:D3)
4	＊＊＊3	××××	×××	×××	=SUM(B4:D4)
5	＊＊＊4	××××	×××	×××	=SUM(B5:D5)
6	＊＊＊5	××××	×××	×××	=SUM(B6:D6)
7	＊＊＊6	××××	×××	×××	=SUM(B7:D7)
8	＊＊＊7	××××	×××	×××	=SUM(B8:D8)
9	＊＊＊8	××××	×××	×××	=SUM(B9:D9)
10	＊＊＊9	××××	×××	×××	=SUM(B10:D10)
11	＊＊＊10	××××	×××	×××	=SUM(B11:D11)
12	合計（列）	=SUM(B2:B11)	=SUM(C2:C11)	=SUM(D2:D11)	=SUM(E2:E11)
13					
14				橫向合計	=SUM(B12:D12)
15				驗證公式	=E12-E14

■圖二　選擇欲統計的範圍後，頁面右下角會顯示加總結果

平均值:67,995　　項目個數:36　　加總:2,447,820

③ 公式必須盡量簡短

　　Excel 的函數及公式繁多，除了個別使用外，還能將之組合，用來執行更龐雜的計算。儘管這是 Excel 的強項，但如果你在單一儲存格中輸入過於複雜計算公式（見圖一），到最後可能除了你之外，沒有任何人看得懂該公式如何應用，這就違反了情報共享的原則。

　　為了改善這樣的問題，各位在製作 Excel 資料時，要視情況斟酌使用複雜的公式，並盡量將之拆解、簡化（見圖二），如此一來，後續不論是誰接手這份資料，都能立刻看懂各項公式並開始作業，可大幅減少反覆詢問的時間。

■圖一　儲存格的公式過於複雜，很難讀懂

| 前期末 | 2015/3/31 | ① |
| 當期末 | 2016/3/31 | ② |

		③	④	⑤	⑥	⑦	......
固定資產類別	固定資產名稱	固定資產購入價格	固定資產購入日期	耐用年數	攤提率	期初價值	
器具備品	○○○	1000000	2013/3/31	10	0.2	640000	

=D9*(1-G9)^(DATEDIF(E9,$C$5,"M")/12
　③　　⑥　　　　　④　①

計算期初價格的公式，是利用期初購入價格及攤提率，以及從第一次採購到計算當時的使用年數做累計加乘所計算而來。計算使用年數就是公式（DATEDIF函數），此數字不易理解，也不容易驗證。

■圖二　將複雜的公式拆解、簡化，變得較為易讀

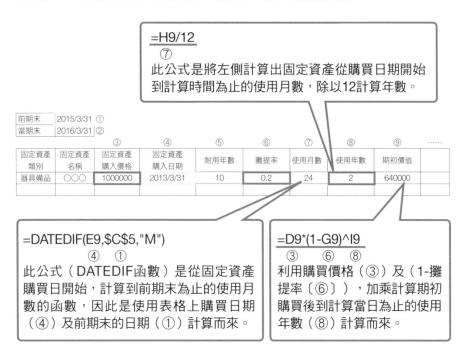

=H9/12
⑦
此公式是將左側計算出固定資產從購買日期開始
到計算時間為止的使用月數，除以12計算年數。

| 前期末 | 2015/3/31 ① |
| 當期末 | 2016/3/31 ② |

③	④	⑤	⑥	⑦	⑧	⑨	……
固定資產 類別	固定資產 名稱	固定資產 購入價格	固定資產 購入日期	耐用年數	攤提率	使用月數	使用年數	期初價值	
器具備品	○○○	1000000	2013/3/31	10	0.2	24	2	640000	

=DATEDIF(E9,$C$5,"M")
④　①
此公式（DATEDIF函數）是從固定資產
購買日開始，計算到前期末為止的使用月
數的函數，因此是使用表格上購買日期
（④）及前期末的日期（①）計算而來。

=D9*(1-G9)^I9
③　⑥　⑧
利用購買價格（③）及（1-攤
提率〔⑥〕），加乘計算期初
購買後到計算當日為止的使用
年數（⑧）計算而來。

④ 製作工作項目一覽表及確認項目明細表

製作工作表張數較多且手續繁雜的報表（如全公司的預算編列）時，事前列出「工作項目一覽表」，將作業的整體概況及預訂日程製成一覽表，執行起來會更有效率（見圖一）。此外，一覽表上也可加註曾經犯錯的部分，或是需要特別注意的內容，可協助你提升作業的效率及品質。

■圖一　工作項目一覽表

工作項目一覽表範例

編號	工作內容	注意點	負責人	預定作業日期	作業完成日
1	製作下一年度預算基本方針	加入董事長的方針並確認	林	2016/2/1	
2	製作及分發各事業部的預算格式	避免編列預算需要的情報訊息不足	森	2016/2/5	
3	回收各事業部的預算表	如果過期未收到要提醒	林	2016/2/20	
4	確認預算表	注意不同工作表間的整合性 與前一年度同期比較	林	2016/2/22	
5	將預算表輸入到全公司預算編列表中	確認借貸一致	林	2016/2/25	
6	從設備投資計劃中，計算及輸入折舊與攤提	與前一年度同期比較	森	2016/2/28	
7	事業本部的預算編列及計算各事業處的分攤比例	計算比例分攤的妥當性	森	2016/3/3	
8	製作各部門間的交易明細	與前一年度同期比較	森	2016/3/3	
9	預覽全公司預算、這一期預算業績預估額的比較	增減率的妥當性	林	2016/3/5	
10	與董事長討論	與預算基本方針的整合性	林	2016/3/10	
11	送交董事許可		林	2016/3/20	

同樣的道理，你也可以把作業中需要驗證的部分，製成「確認項目明細表」（圖二）。但有關金額統計等數字整合的內容，建議各位另做一份「數字驗證明細表」，並於工作表中設定驗證公式，

讓系統替你驗算會比較穩妥。

■圖二　確認項目明細表

確認項目明細表範例

編號	工作內容	確認負責人	確認日期	注意事項
1	確認各事業部這一期的業績預估與費用預算	本木		
2	檢驗各事業部的預算與行動計畫的整合性	花房		
3	整合整體人事費用及下一期預估及整體預算額	花房		
4	確認各事業部的折舊與攤提比例是否妥當	望月		
5	確認事業本部的預算編列及各事業處的分攤比例是否妥當	望月		
……				

⑤ 標記參考資料編號，同時確認數字連結是否正確

　　財務報表上的數字輸入完成後，就得開始確認各項數據是否正確。想確認報表上的數字與原始資料是否相正確，可利用第136頁提過的「參考標記」，並在標記參考資料編號時，同時確認數字間的連結是否正確。

　　當你一邊標記參考資料的編號，一邊確認數字的去處及來源時，經常可以發現許多意想不到的人為疏失。我就曾有過好幾次這樣的經驗，幸好發現得早，才沒有釀成更大的問題。此外，透過這樣的確認，也等於是替接手業務的人再次檢查，可說利人利己。

　　想減少報表內的錯誤，光靠注意力很難達成，為此，請各位務必確實掌握本節說明的5個防錯、防呆要點。

用 Excel 內建基礎函數，一天晉升專業菁英

　　利用 Excel 系統製作各式報表時，就算完全不懂函數或是巨集也沒關係，你只要知道何時該在哪裡輸入數據，系統便能自動幫你完成計算。因此，在第六章，我將以「費用精算表」及「結算預估表及比較表」為例，替各位示範，如何使用目前學到的各種知識製作會計資料。

1　自動算好費用精算表，要老闆嘖嘖稱奇
2　拉出兩張表來比較，這分析夠專業

1 自動算好費用精算表，要老闆嘖嘖稱奇

製作如費用精算表這類較為複雜的資料時，最好能在作業開始前先規畫設計圖，把你希望呈現在這份報表中的項目整理出來。設計圖完成後，再製作費用精算表的樣板，在各個必要之處設定函數及公式。以下，我就依①規畫設計圖、②製作基礎樣板、③加入函數及公式這三個順序，說明費用精算表的製作方式。

① 規畫設計圖

首先，要先規畫一個如同下列示範的設計圖，將必要項目或是需要先設定公式的部分寫出來。

---

1. **費用精算表的必要項目**
   部門、姓名、申請日期、主管簽核欄、費用產生日期、費用目的、支出項目、會計科目、詳細內容、付款對象、金額、備註、合計、暫付款、會計處理欄。

2. **需要設定公式的部分**
   （1）支出項目
   把支出項目設定成下拉清單直接選擇，輸入時會比較省力。

   （2）會計科目
   使用 VLOOKUP 函數，並設計成只要從下拉式清單中選擇支出項目，會計科目就會自動顯示。

   （3）會計處理欄
   費用精算表製作完成後，哪些欄位需要輸入，其排序必須一目了然。統計金額要用 SUMIF 函數。

---

② 製作基礎樣板

若能依據步驟①的設計圖製作報表，你的費用精算表就會如圖一所示，可將之視為基礎樣板。費用精算表的樣板，可分為「記入部分」及「會計處理欄」上下兩部分。有些欄位的寬度會因為需求不同而有所差異。但為了讓上、下半部格式統一，最好不要任意調整欄寬，若真的非加大寬度不可，建議採用合併儲存格的方式調整。

■圖一　費用精算表的樣板

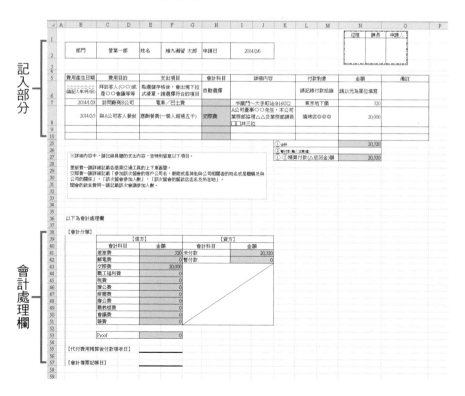

③ 加入函數及公式

樣板完成以後，接著就要輸入函數及公式，這樣費用申請表才算完成。以下就依照「記入部分」及「會計處理欄」的順序說明製作方式。

1. 製作記入部分

請各位先看圖二，我將依序說明其中❶～❿的製作重點。

■圖二　記入部分

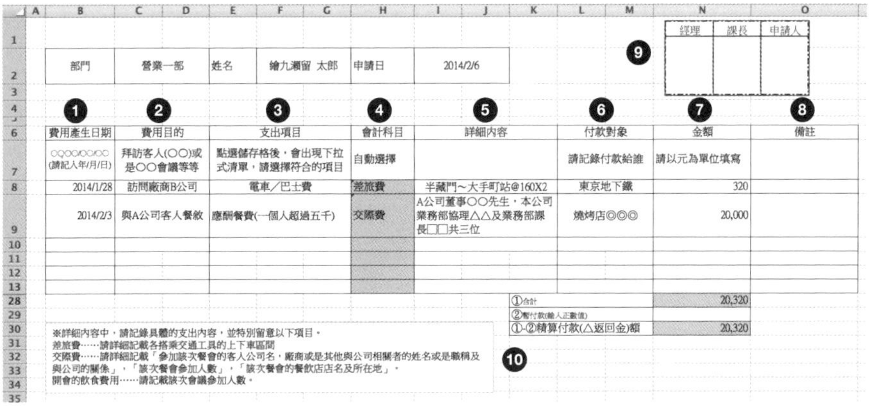

部門	營業一部	姓名	繪九瀨留 太郎	申請日	2014/2/6			

經理	課長	申請人

❶ 費用產生日期	❷ 費用目的	❸ 支出項目	❹ 會計科目	❺ 詳細內容	❻ 付款對象	❼ 金額	❽ 備註
○○○○/○○/○○ (請記入年/月/日)	拜訪客人(○○)或是○○會議等等	點選儲存格後，會出現下拉式清單，請選擇符合的項目	自動選擇		請記錄付款給誰	請以元為單位填寫	
2014/1/28	訪問廠商B公司	電車／巴士費	差旅費	半藏門～大手町站@160X2	東京地下鐵	320	
2014/2/3	與A公司客人餐敘	應酬餐費(一個人超過五千)	交際費	A公司董事○○先生，本公司業務部協理△△及業務部課長□□共三位	燒烤店◎◎◎	20,000	

①合計	20,320
②暫付款(輸入正數值)	
①-②精算付款(△返回金)額	20,320

※詳細內容中，請記錄具體的支出內容，並特別留意以下項目。
差旅費……請詳細記載各搭乘交通工具的上下車區間
交際費……請詳細記載「參加該次餐會的客人公司名，廠商或是其他與公司相關者的姓名或是職稱及與公司的關係」，「該次餐會參加人數」，「該次餐會的餐飲店店名及所在地」。
開會的飲食費用……請記載該次會議參加人數。

❿

❶費用產生日期

如果此費用精算表限定了請款期限，就使用「資料驗證功能」讓請款人能輸入正確的日期（詳細設定方式請見第三章）。但如果貴公司並未設定請款日期限，就不需要設定「限制輸入日期」。

❷費用目的、❸支出項目、❺詳細內容、❻付款對象、❽備註

　　點擊「跨欄置中」確保需要的欄寬，想讓超過欄寬的文字完整顯示，可從「常用」索引頁籤底下，點選「自動換列」。費用目的及詳細內容等需要輸入文字說明的部分，選擇「靠左對齊文字」，讓儲存格的內容能靠左顯示（見圖三）。

　　至於支出項目，可製作成下拉式清單直接選擇（詳細的設定方式請見第一章）。

■圖三　從「常用」底下選跨欄置中、自動換列、靠左對齊文字

❹會計科目

　　我想將會計科目設計成「只要從下拉式清單中選擇支出項目，會計科目就會自動顯示」。這時可利用 VLOOKUP 函數達到目的。以下就依照（1）製作範本、（2）VLOOKUP 函數的使用方法、（3）消除錯誤顯示的方法，這三個要點依序說明。

（1）製作範本

　　想做到「從下拉式清單中選擇支出項目，會計科目就會自動顯示」，必須在其他的工作表中先製作範本。我將該工作表命名為「範本」，製作了如下頁圖四的報銷費用項目一覽表。

■圖四　報銷費用項目一覽表（範本）

（2）VLOOKUP 函數的使用方法

① 顯示插入函數的功能方塊

　　請各位看到圖五，欲選擇想要輸入公式的「H8」儲存格，並點擊「插入函數」的圖示，就能開啟功能方塊視窗。

　　在「選取函數」欄位中，直接點選「VLOOKUP」；若系統沒有顯示，可在「搜尋函數」欄位中輸入「VLOOKUP」，並點擊「開始」、找出 VLOOKUP 函數後，按下「確認」。完成後，頁面就會如圖六所示。

■圖五 「插入函數」的功能方塊

■圖六 已於儲存格中插入 VLOOKUP 函數

②輸入 VLOOKUP 函數

　　各位可以從上頁圖六 VLOOKUP 函數的四個欄位名稱看到，此
函數由「要查閱的值」（Lookup_value）、「搜尋及傳回值的儲存
格範圍」（Table_array）、「包含傳回值的欄號」（Col_index_num）
及「搜索方式」（Range_lookup）四個引數組成，以下依序說明。

1.要查閱的值（Lookup_value）

　　由於我想將會計科目設定成支出項目的儲存格內容，故此欄位
需填入顯示支出項目的「E8」（電車／巴士費）儲存格。

2.搜尋及傳回值的儲存格範圍（Table_array）

　　此欄位需指定與「要查閱的值（Lookup_value）」同樣資料的
範圍。因此我輸入了「範本!D:E」（圖四中的D行及E行）。雖然你
也可以很精準的輸入「範本!D4:E31」（圖四中的「D4」～「E31」
儲存格），但考量日後還有可能追加資料，把範圍擴大至D行及E
行，屆時便不用修正 VLOOKUP 函數公式，是比較方便的做法。

3.包含傳回值的欄號（Col_index_num）

　　選擇想要顯示在會計科目儲存格中的內容（即圖四中的「差旅
費」、「郵電費」、「交際費」等）。因其位於選擇範圍中從左邊
數來的第二行，所以這個欄位要輸入「2」。

4.搜索方式（Range_lookup）

　　輸入「FALSE」（譯註：此為用來指定要 VLOOKUP 尋找完全符合或大約符合的邏輯值：FALSE 為精確搜尋；若不指定方法，則預設為TRUE。）。

（3）消除錯誤顯示的方法

　　將輸入 VLOOKUP 函數的「H8」儲存格複製之後直接向下貼上，會發現在「H10」～「H13」儲存格中出現錯誤訊息（見圖七）。這是因為「H8」及「H9」儲存格中，作為「要查閱的值」的「支出項目」儲存格已有資料，所以不會有問題，但「H10」～「H13」的支出項目仍為空白（公式無法成立），系統因此出現錯誤訊息。

■圖七　「H10」～「H13」儲存格出現錯誤訊息

	A	B	C	D	E	F	G	H
3								
4		❶		❷		❸		❹
5								
6		費用產生日期	費用目的		支出項目			會計科目
7		○○○○/○○/○○(請記入年/月/日)	拜訪客人(○○)或是○○會議等等		點選儲存格後，會出現下拉式清單，請選擇符合的項目			自動選擇
8		2014/1/28	訪問廠商B公司		電車／巴士費			差旅費
9		2014/2/3	與A公司客人餐敘		應酬餐費(一個人超過五千)			交際費
10								#N/A
11								#N/A
12								#N/A
13								#N/A

這時，我們可以在VLOOKUP外面，再另外包一個IFERROR函數，容許公式不成立的狀況，好讓錯誤訊息不在頁面上顯示。

IFERROR函數是由「=IFERROR（Value，Value_if_error）」這兩個引數構成。在「Value」中可以輸入我們在「H8」儲存格中所輸入的「VLOOKUP（E8,範本!D:E,2,FALSE）」；在「Value_if_error」的部分可以輸入代表空白的「""」（2個雙引號）。

因此，「H8」儲存格中必須輸入「=IFERROR（VLOOKUP（E8,範本!D:E,2,FALSE）,""）」。

■圖八　加入IFERROR函數後，「H10」～「H13」的錯誤訊息已被修正

	A	B	C	D	E	F	G	H
3								
4								
5			❶		❷	❸		❹
6		費用產生日期	費用目的		支出項目			會計科目
7		○○○○/○○/○○（請記入年/月/日）	拜訪客人(○○)或是○○會議等等		點選儲存格後，會出現下拉式清單，請選擇符合的項目			自動選擇
8		2014/1/28	訪問廠商B公司		電車／巴士費			差旅費
9		2014/2/3	與A公司客人餐敘		應酬餐費(一個人超過五千)			交際費
10								
11								
12								
13								

如圖八所示，將「H8」儲存格的公式修正之後，直接向下複製貼上，「H10」～「H13」等空白儲存格也不會顯示錯誤訊息。

這次介紹的 IFERROR 函數是在 Excel 2007 以後才有的功能。若你使用的是 Excel 2007 版以前的版本，可以使用「IF」及「ISERROR」的函數組合，在「H8」儲存格中輸入下列公式，也能得到同樣結果：

=IF（ISERROR（VLOOKUP（E8,範本！D：E,2,FALSE））,"",VLOOKUP（E8,範本！D：E,2,FALSE））

❼金額

為了讓輸入更加直覺、方便，可將金額欄的輸入法預設為「英數半形」模式（按：臺灣的使用者鍵盤預設多為「中文（繁體）－美式鍵盤」，以「Ctrl ＋ Shift」即可直接切換中文／英數輸入法，較無這樣的問題）。

❾主管簽核欄

主管簽核欄可利用攝影功能，將想要顯示的區塊（於別張工作表另外做一個）拍照並貼上，如此一來就可以不受行寬或列高限制（詳細的設定方式請見第二章），自由的設計版面。

❿備註

有關填寫費用申請單時容易疏忽而犯錯的項目，可另外以記事本的格式加註提醒項目。例如在第 165 頁圖一費用精算表的樣板裡，我就加註了以下內容：

※詳細內容中，請記錄具體的支出內容，並特別留意以下項目。

差旅費……請詳細記載各搭乘交通工具的上下車區間。
交際費……請詳細記載「參加該次餐會的客戶公司名，廠商或是其他與公司相關者的姓名或是職稱及與公司的關係」，「該次餐會參加人數」，「該次餐會的餐飲店店名及所在地」。
開會的飲食費用……請記載該次會議參加人數。

2.製作會計處理欄

有關會計處理欄的設定方式，我將依照❶【借方】金額欄、❷【貸方】金額欄、❸合計金額的計算確認（Proof），這三個要點說明（見圖九）。

■圖九　會計處理欄

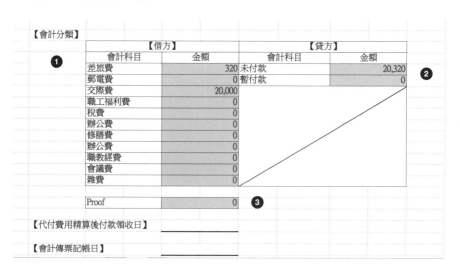

❶【借方】金額欄

請各位看到圖十，選定借方金額欄的第一個儲存格後，先從「公式」索引頁籤中點選「插入函數」圖示，再從「插入函數」的功能方塊視窗中，選擇 SUMIF。

之後，在「函數引數」功能方塊中的 Range 欄位，選取上方「記入部分」中記載了「會計科目」的儲存格，再按一次 F4 鍵設定成絕對參照公式。

接著，在 Criteria 中選取借方會計科目的第一個儲存格。最後，在 Sum_range 中選取「記入部分」裡，記載了金額的儲存格，同樣按一次 F4 鍵設定成絕對參照，再點擊「確認」。完成後再將公式複製貼上至下方儲存格（關於 SUMIF 函數的設定，可參考第四章。）

■圖十　【借方】金額欄

SUMIF 函數完成後，直接將公式向下複製貼上

❷【貸方】金額欄

借方金額合計加總後（見螢幕右下角加總顯示），減掉暫付款的金額（此處為0），就是公司未付款給員工的費用。此儲存格同樣可設定 SUM 函數「=SUM(E39:E49)-I40」（見圖十一）。

■圖十一　【貸方】金額欄

【借方】		【貸方】	
會計科目	金額	會計科目	金額
差旅費	320	未付款	=SUM(E39:E49)-I40
郵電費	0	暫付款	0
交際費	20000		
職工福利費	0		
稅費	0		
辦公費	0		
修膳費	0		
辦公費	0		
職教經費	0		
會議費	0		
雜費	0		

❸ 合計金額的計算確認（Proof）

此步驟為驗算，把會計處理欄的借方金額，減去費用精算表上方記入部分的金額（兩數應相等），該儲存格同樣可設定 SUM 函數「=SUM(E39:F49)-N28」，可確認所有輸入金額，是否全被統計到會計處理欄的借方金額中（見圖十二）。在第五章「確認行、列的加總結果是否一致」（見第157頁）也說明過，確認加總金額是一種驗算過程，可避免人為疏失。

■圖十二　確認合計金額（Proof）

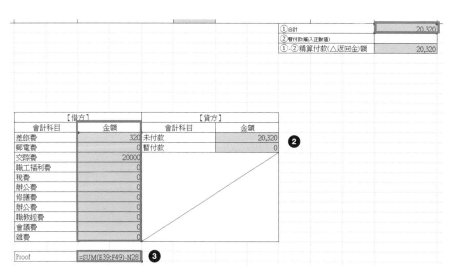

費用精算表完成後，可用「活頁簿保護」功能，限定使用者的輸入欄位，以免設定好的格式被更動（詳細的設定方法見第三章）。另外，因為第 168 頁的圖四「報銷費用項目一覽表」（範本），對使用費用精算表的人來說是不必要的訊息，記得設定為隱藏。

拉出兩張表來比較，這分析夠專業

在分析 B/S（資產負債表）或 P/L（損益表）等，這類與時間序列有關的資料時，若能事先將過去的紀錄，以預估推移表的形式整理，並進一步製成可多方參照的比較表，工作時會更方便。

① 製作B/S、P/L預估表時的重點

以下就用圖一說明製作 B/S、P/L 預估表時的幾個重點。

■ B/S 及 P/L 的各項數據須以數值貼上

製作預估表時，B/S 及 P/L 裡頭的數字，大多由會計系統直接匯出，或從其他 Excel 檔案轉貼而來。將其他 Excel 檔案上的數字複製到預估表時，建議使用「選擇性貼上」，保留數值就好。

另外，為了方便比較不同期間製作的 B/S 及 P/L 預估表，建議各位分頁（分別做成同個檔案裡的不同張工作表）處理。

■ 在表格最左側輸入連續編號

在後續要製作的比較表中，可用 HLOOKUP 函數搜索預估表的數字。HLOOKUP 函數會用「從連接在搜索值下的數據當中，選取第幾行的數據」這樣的引數，來取得需要的數值。為了能在設定時快速找出對應號碼，可在表格左側另開一行「編號行」，並將記載了年月的儲存格視為「1」，往下連續編號至表格最末端。

■圖一　製作 B/S 及 P/L 預估表時的重點

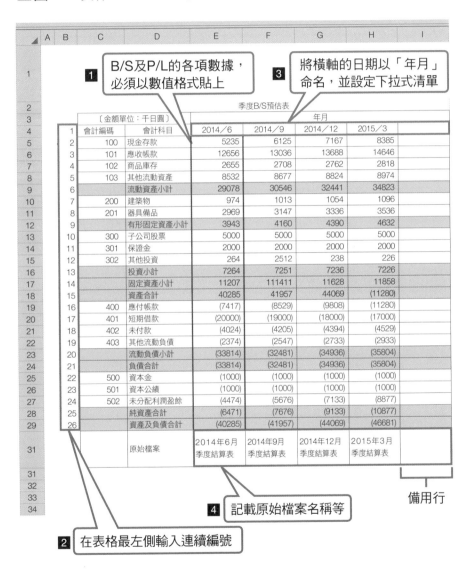

❸ 將欲比較的數據範圍命名為「年月」，並設定下拉式清單

比較表中的年月等資料，若能使用下拉式清單直接選取會更方便。為此，必須先將預估表橫軸上的「2014/6」、「2014/9」等，命名為「年月」。此處的重點為，在預估表的最右邊插入一行預備欄，並將到預備欄為止（包括預備欄本身）的行，全都一起納入命名範圍。如此一來，之後當你追加數據時，被命名為年月的儲存格範圍，就會自動加大（下拉式清單的設定方式，可參閱第一章）。

❹ 記載原始檔案名稱等

預先記錄 B/S 及 P/L 預估表中，各項數據的原始檔案名稱，之後當你要查閱數據出處時就能馬上找到。

② 使用 HLOOKUP 函數製作自動比較表

1.製作比較表的樣板

接著要說明如何利用 HLOOKUP 函數製作比較表。由於 HLOOKUP 函數會將預估表中「2014/6」這類年月資料，當作 Lookup_value引數；同時利用表格最左側的「編號行」，搜尋符合條件的數字並回傳訊息，因此預估表與比較表的縱軸項目必須完全一致。

為此，在製作比較表時，可直接將預估表複製貼上至比較表的工作表頁中，並將已輸入的數字刪除，只留下空白格式（見圖二）。

2.設定下拉式清單

　　比較表中待輸入日期的儲存格，由於此範圍已在預估表中被命名為「年月」，直接點選儲存格就會出現下拉式清單。接著只要將這個內容複製貼上至隔壁儲存格，就可直接從下拉式清單中選擇「2014/6」及「2015/3」等日期（見圖三）。

■圖二　製作比較表的樣板

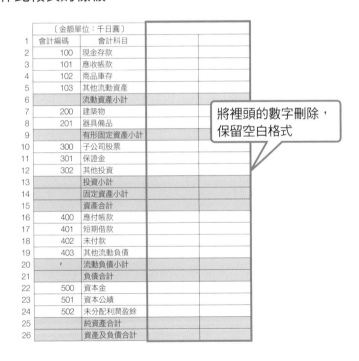

	〔金額單位：千日圓〕		
1	會計編碼	會計科目	
2	100	現金存款	
3	101	應收帳款	
4	102	商品庫存	
5	103	其他流動資產	
6		流動資產小計	
7	200	建築物	
8	201	器具備品	
9		有形固定資產小計	
10	300	子公司股票	
11	301	保證金	
12	302	其他投資	
13		投資小計	
14		固定資產小計	
15		資產合計	
16	400	應付帳款	
17	401	短期借款	
18	402	未付款	
19	403	其他流動負債	
20		流動負債小計	
21		負債合計	
22	500	資本金	
23	501	資本公積	
24	502	未分配利潤盈餘	
25		純資產合計	
26		資產及負債合計	

將裡頭的數字刪除，保留空白格式

■圖三　從下拉式清單選取日期

	〔金額單位：千日圓〕		年月	
1	會計編碼	會計科目	2014／6	2015／3
2	100	現金存款		
3	101	應收帳款		
4	102	商品庫存		
5	103	其他流動資產		
6		流動資產小計		

3.在數值輸入欄中輸入 HLOOKUP 函數

　　在 Excel 中，可用來尋找必要訊息資料的便利函數，就是前一節介紹的 VLOOKUP，以及以下要說明的 HLOOKUP。

　　VLOOKUP 的 V，是「Vertical」（垂直）的意思，可用來搜索縱向訊息情報；與此相對，HLOOKUP 的 H，是「Horizontal」（水平）之意，可用來搜索橫向訊息情報。

　　請各位先看圖四，選擇要輸入公式的「E5」儲存格，並點擊「插入函數」鍵，選取 HLOOKUP 函數。HLOOKUP 函數同樣有「要查閱的值」（Lookup_value）、「搜尋及傳回值的儲存格範圍」（Table_array）、「包含傳回值的欄號」（Row_index_num）及「搜索方式」（Range_lookup）四個引數，以下依序說明。

（1）要查閱的值（Lookup_value）

　　為了把「年月」當作要查閱的值，先選擇顯示年月的「E4」儲存格。考量之後會持續複製貼上此公式至其他儲存格，一定要記得按兩次「F4」鍵，將此列設定成絕對參照。

（2）搜尋及傳回值的儲存格範圍（Table_array）

　　此欄位需指定與「要查閱的值」同樣資料的範圍。此處要選擇事前製作的「B/S 及 P/L 預估表」（見第 179 頁圖一）中「E4」～「H29」的儲存格。為避免日後複製及貼上公式到其他儲存格時產生錯位，選擇完成後記得按一下「F4」鍵，將行及列都設定為絕對參照。

■圖四　於儲存格中插入 HLOOKUP 函數

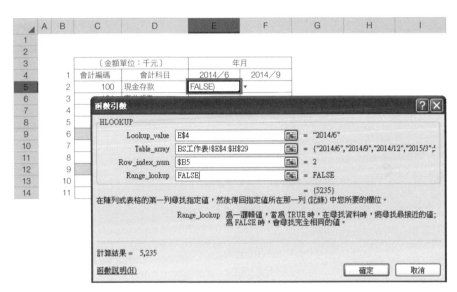

（3）包含傳回值的欄號（Row_index_num）

　　將「要查閱的值」（此處為年月）的列編號視為第一列，從接在要查閱的值底下的資料中，設定要回傳第幾列的檔案。例如，要顯示符合「E5」儲存格中的現金存款，由於該儲存格位於從「2014/6」往下數的第二列，因此此欄位應輸入「2」。

　　但如果我們直接輸入數字2，無法把公式複製貼上至其他儲存格，為此，才會在事前製作預估表時，於表格左側開一行「編號行」。此例中，編號2的儲存格為「B5」，將「B5」輸入至欄位後，按下「F4」鍵三次，將行設定成絕對參照，之後複製貼上此公式至其他儲存格時，系統就會回傳所有編列在 B 行的號碼。

（4）搜索方式（Range_lookup）

輸入「FALSE」。

　　完成上述四個設定後，先複製「E5」儲存格，並從「選擇性貼上」中，選取「公式」，再將 E5 的公式貼到所有預定輸入 B/S 數值的儲存格（即「E5」～「F29」）裡（見圖五）。

■圖五　把公式複製貼上至所有的儲存格中

	A	B	C	D	E	F	G	H	I
1									
2									
3			〔金額單位：千日圓〕		年月				
4		1	會計編碼	會計科目	2014／6	2015／3			
5		2	100	現金存款	5235	8385			
6		3	101	應收帳款	12656	14646			
7		4	102	商品庫存	2655	2818			
8		5	103	其他流動資產	8532	8974			
9		6		流動資產小計	29078	34823			
10		7	200	建築物	974	1096			
11		8	201	器具備品	2969	3536			
12		9		有形固定資產小計	3943	4632			
13		10	300	子公司股票	5000	5000			
14		11	301	保證金	2000	2000			
15		12	302	其他投資	264	226			
16		13		投資小計	7264	7226			
17		14		固定資產小計	11207	11858			
18		15		資產合計	40285	46681			
19		16	400	應付帳款	(7417)	(16280)			
20		17	401	短期借款	(20000)	(17000)			
21		18	402	未付款	(4024)	(4592)			
22		19	403	其他流動負債	(2374)	(2933)			
23		20		流動負債小計	(33814)	(35804)			
24		21		負債合計	(33814)	(35804)			
25		22	500	資本金	(1000)	(1000)			
26		23	501	資本公績	(1000)	(1000)			
27		24	502	未分配利潤盈餘	(4474)	(8877)			
28		25		純資產合計	(6471)	(10877)			
29		26		資產及負債合計	(40285)	(46681)			

4.計算增減金額及增減比率

　　最後，在比較表中加入計算增減額及增減率的公式（見圖六），並將增減率在 50% 以上的項目，以醒目的紅字顯示會更清楚。

■圖六　在比較表中加入增減金額及增減比率

		會計編碼	會計科目	2014/6	2015/3	❶ 增減額	❷ 增減率
1							〔金額單位：千元〕
2		100	現金存款	5235	8385	3150	60.2%
3		101	應收帳款	12656	14646	1990	15.7%
4		102	商品庫存	2655	2818	163	6.1%
5		103	其他流動資產	8532	8974	442	5.2%
6			流動資產小計	29078	34823	5745	19.8%
7		200	建築物	974	1096	122	12.5%
8		201	器具備品	2969	3536	567	19.1%
9			有形固定資產小計	3943	4632	689	17.5%
10		300	子公司股票	5000	5000	0	0.0%
11		301	保證金	2000	2000	0	0.0%
12		302	其他投資	264	226	(38)	-14.4%
13			投資小計	7264	7226	(38)	-0.5%
14			固定資產小計	11207	11858	651	5.8%
15			資產合計	40285	46681	6396	15.9%
16		400	應付帳款	(7417)	(11280)	(3863)	52.1%
17		401	短期借款	(20000)	(17000)	3000	-15.0%
18		402	未付款	(4024)	(4592)	(505)	12.5%
19		403	其他流動負債	(2374)	(2933)	(559)	23.5%
20			流動負債小計	(33814)	(35804)	(1990)	5.9%
21			負債合計	(33814)	(35804)	(1990)	5.9%
22		500	資本金	(1000)	(1000)	0	0.0%
23		501	資本公績	(1000)	(1000)	0	0.0%
24		502	未分配利潤盈餘	(4474)	(8877)	(4403)	98.4%
25			純資產合計	(6471)	(10877)	(4406)	68.1%
26			資產及負債合計	(40285)	(46681)	(6396)	15.9%

❶ 增減額公式：於儲存格「G5」中輸入「=F5-E5」，並按一下F4 鍵（設為行列的絕對參照）後，直接向下複製貼上。

❷ 增減率公式：於儲存格「H5」中輸入「=G5/E5」，並按一下F4 鍵（設為行列的絕對參照）後，直接向下複製貼上。

第三部

專業的報表：
你幾乎不用預演簡報，
秀出來對方秒懂

在第一部及第二部，已說明了「消滅低級錯誤的
Excel 技巧」及「應用剛學到的基本功，一秒晉升專業人
士」。但即使做出了容易閱覽、方便使用的資料，報告
時若無法抓住重點、清楚明白的向聽眾說明，他人對你
的評價自然也不會太高。

因此，在第三部，要向各位介紹如何整理訊息，並
以容易理解的方式向他人說明的技巧。

在第七章〈專業是讓對方秒懂，不是哪裡不懂歡迎
提問〉中，除了分析為何進入職場工作後，溝通變得越
來越困難的原因，還會帶領各位思考有效的解決對策。
在第八章〈這樣報告，一聽就懂，一看就明白〉中，除
了介紹如何製作具說服力的簡報內容外，我還提供了軟
銀、樂天、任天堂等一流日商企業的 IR 報表，希望透過
這些真實案例，讓各位更深入了解高明的簡報方式。

第七章

專業是讓對方秒懂，
不是哪裡不懂歡迎提問

　　本章將說明人們在進入社會工作後，溝通變得困難的原因。職場和學校本來就不一樣，儘管同事彼此朝夕相處，但大家各有業務要忙，很難有機會培養默契；若把溝通對象換成公司以外的人，雙方更是完全陌生，想讓對方聽懂你的意思，難度自然更高。

　　相信許多人上臺簡報時，常被主管批評：「聽不出來你想表達什麼」、「講了這麼多，你的重點到底在哪？」教人倍感沮喪。為什麼別人聽不懂你的簡報？該怎麼改善？以下將以三部分說明。

1　「說了你也不懂」，不夠專業才這麼說
2　知識共享或經驗傳承，都需要格式相通
3　說明時掌握三個重點，對方容易理解

1 「說了你也不懂」，不夠專業才這麼說

相信很多人都是出了社會之後，才深切感受到溝通不是一件容易的事。我過去還是大學生時，從來不覺得溝通有什麼困難，儘管在眾人面前自我介紹、上臺簡報有些令人緊張，但大多能順利完成。我想這是因為同班同學彼此相處融洽、雙方早有了默契（不用說太多對方也能聽懂）的關係。

沒想到，當我開始工作之後，馬上就在溝通上踢到鐵板。我常因為無法順利向客戶說明會計內容而困擾不已，同樣的，客戶也經常問我：「很抱歉……我完全聽不懂你在說什麼，可不可以講得更簡單一些呢？」

在這樣的情況下，我開始思考「人們為何無法像學生時代一樣順利的溝通？」最後我發現，這是因為「話題內容的複雜度」與「談話對象的多樣性」這兩個關鍵所致。

■圖一　學生與社會人士的溝通差異

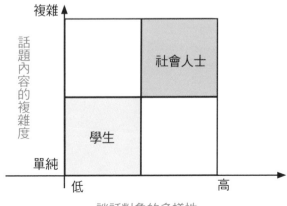

① 話題內容的複雜度

學生時期與朋友的話題，大多都是彼此喜歡的音樂、電影，或是校外打工時發生的趣事等，這些與生活有關的內容，雙方很少因為遇上什麼瓶頸或解決不了的問題，而一起討論處理方式。因此，學生時期的談話，很少有機會用到各種理論上的思考，反而較為注重如何分享情緒、與他人愉快交談的能力。

但當我們進入社會工作後，為了解決職場上各種千奇百怪的問題，每天都得進行各種複雜的談話。例如，在執行會計工作時，常常得向客戶說明：「這期貴公司的結算報表中，應收帳款的金額大幅度增加。我想確認應收帳款增加的原因，可以借我看一下○○資料嗎？另外，我也想確認一下應收帳款的回收狀況，XX 資料也請借我看一下……」，由於工作上的問題大多不易解決，人們開始被要求，必須具備可清楚說明複雜內容的能力。

② 談話對象的多樣性

學生時期的交談對象，大多也都是學生，由於彼此的生活環境較為相近，溝通上自然容易許多。但當我們出了社會之後，就得開始和年齡差距二十歲以上的人士交談。以我自己為例，在這之前，我幾乎沒有類似的談話經驗，所以剛進公司時，光是想到要和這些年紀差距甚大的前輩或主管說話，就讓我緊張萬分。

近幾年覺得溝通困難的人之所以增加，我想是因為傳播工具越來越普及（如網路、智慧型手機等），使得人們獲得訊息的機會大

增，而讓話題內容變得複雜；再加上談話對象變多（使用通訊軟體可隨時聯絡對方、或在社群網站上和各種類型的人對話）也比過去更加多樣所致。

以會計業界為例，我在二十幾年前成為會計師並開始執業，當時必備的參考書目《會計審計法規》，只有隨身字典般的大小，但隨著時代演進，執行業務需要的情報量越來越大。據我所知，最新發行的《會計審計法規》已和電話簿黃頁差不多厚（超過三千頁）。除此之外，想要順利完成會計審計業務，還得隨時上網確認最新頒布的法規訊息。

這樣的問題不只出現在會計師業界，幾乎所有的產業，執行工作時需要的情報訊息都不斷增加，因此職場上的談話內容自然也變得更加複雜。同時受到全球化的影響，文化不同、價值觀各異的人一起工作的機會也跟著增加。

由此可見，與過去相比，想在現代社會順利的與他人溝通，的確不再是一件容易的事。這不單是個人表達能力的問題，整個大環境的改變也有影響。

知識共享或經驗傳承，都需要格式相通

　　外商企業（即全球性企業）多由不同語言、價值觀各異的員工組成，由於彼此業務多有重疊，每位員工都會將自己的工作內容寫成文字（例如以英語寫成工作手冊等），好讓他人可以順利接手，但在日商企業，很少有這樣的習慣。由此可知，各家企業在管理上的差異，也是造成溝通困難的原因。

　　每家公司的管理模式，會因為企業文化不同而有差異。日商企業大多比較在意客戶的情緒反應，比起將工作內容以文字明確化，大部分的日商更著重「經驗」。也就是說，後輩大多看著職場前輩的背影，從中學習如何順利執行工作。相對的，外商企業則較為重視「正統」的管理模式，習慣將工作內容寫成文字（即工作手冊），如此一來，任何人都可參照裡頭的各項要點執行業務。

　　以下就以會計業務為例，說明這兩種管理模式的差異。在日本成立子公司的外商企業，執行會計業務前，都會要求會計師先閱讀從母公司傳送過來，詳細記載了工作內容的會計手冊。而日商企業的母公司，則大多不過問子公司的業務內容，並對子公司的各項做法予以高度尊重，默默等候子公司提出財務報表等資料。

　　外商企業重視正統知識的優點在於，儘管員工們的語言及價值觀不同，也很少發生混亂的狀況，因為一切都以工作手冊為最高指導原則，就算真的出了差錯，只要按照手冊上的 SOP 就能妥善處理。此外，這種白紙黑字、絕無灰色地帶的做法，可讓決策者清楚看見各項數據，當他們需要做出重大決定（例如撤除獲利較低的部

門）時，就可從各項紀錄中找出判斷依據。

　　而日商企業重視經驗知識的優點，在於可讓後輩跟著前輩慢慢學習，因而培育出許多無法以文字等正統知識傳達的細微之處。也正是因為日商企業有這樣的文化，日本在汽車或是電子零件等較為重視產品品質的業界，迄今在國際上仍具有競爭力。同時，由於沒有工作手冊可以依循，全體員工為此必須團結合作，互相借用彼此的經驗及長處以達成目標。

　　雖然日商企業重視經驗知識的管理方式，可讓全體員工為了達成目標而一起行動，但如果公司裡盡是背景不同的員工，將會破壞公司內部的情報共享體制，這也是多數日商企業的煩惱。為了改善這樣的問題，我建議日商企業效法外商，開始撰寫工作手冊外，將公司內部需要使用的資料及格式標準化，此外，要求每位員工培養出能簡單說明各項事物的技巧，也是很重要的事。

3 說明時掌握三個重點，對方容易理解

　　儘管現代社會因為日趨複雜，使得溝通不再容易，我們仍然得試著克服這樣的困難。想將自己的想法以簡單易懂的方式傳達給他人，必須注意三個要點：「情報要簡潔」、「結構須合乎邏輯」以及「讓對方容易在腦海中形成概念」（見圖二）。

■圖二　讓對方更容易理解的三個重點

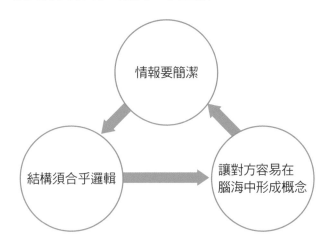

　　想讓情報簡潔，你必須先確實了解對方需要什麼訊息。例如，儘管同樣是說明財務報表，你傳達的重點將會隨著對方是企業經營者、銀行職員或會計師而有所不同。換句話說，身分不同，需要了解的情報自然也不相同。你可以利用和對方交談時，確實詢問並掌握對方需求；或是充分蒐集與對方相關的訊息（如研究他的身分背

景、財務狀況等），先充分了解對方需要什麼，再評估你需要提供的訊息量，否則說得再多都是白搭。

決定要傳達哪些情報後，接著要讓結構合乎邏輯，請注意，你的結構越有邏輯，對方就越容易理解你的重點。一開始你可以使用整份簡報的構成圖，讓對方在第一時間掌握全貌（他會比較安心），之後再依序說明詳細的情報內容。此外，你也可以事先使用分歧圖，預測對方可能提出何種反論，並準備好應對的內容，有助於提升你的說服力。

最後，在表達方面，你得採用各種比喻或實際的案例，把複雜的東西變得簡單，讓對方容易在腦海中產生概念。具體的數字通常會比抽象的形容詞好懂。

以上我雖然依「情報」、「結構」、「表達」的順序說明，但這三個重點其實彼此深切連結，且互相影響、相互作用。我過去任職於 PwC 時，就常把這三個重點應用在與他人的溝通上，由於對方總是一聽就懂，我經常得到主管的讚賞。為此，我深刻感受到「溝通不是自己講完就算了，讓對方聽懂更重要」。

把報表做得完整、漂亮只是第一步，簡報時若沒人聽得懂就前功盡棄了。若你總是因為報告時抓不到重點而被評為「工作能力很差」，豈不是令人扼腕？

正確的事情不能只做一半，你得試著從「努力於個人業務」（埋頭做報表），轉變為「以清楚的表達方式，向他人明確傳達我做了多少努力」（讓人一聽就懂你的簡報重點）。

第八章

這樣報告，
一聽就懂，一看就明白

　　第七章已向各位介紹，想將自己的想法簡單易懂的傳達給他人，必須注意三個要點：「情報要簡潔」、「結構須合乎邏輯」以及「讓對方容易在腦海中形成概念」。這三個要點看似簡單，實際執行起來卻很困難，我也是經歷多次失敗、不斷重複嘗試，才逐漸抓到訣竅，進而在簡報時能言簡意賅的說出重點。

　　因此，在第八章，將藉由回顧我個人的失敗經驗，具體說明簡單易懂的溝通方式。最後我還會以一流日商企業的 IR 報表為例，向各位說明，若想明確呈現自家公司的強項，該如何整理並準備各項資料。

1 報告的準備方式
2 用案例來學習
3 一流日商、外商的報表釋例

1 報告的準備方式

　　為了明確傳達自己的想法，向他人說明時，一定要特別注意「情報要簡潔」、「結構須合乎邏輯」以及「讓對方容易在腦海中形成概念」這三個要點。想讓情報簡潔，必須充分了解對方需要什麼，再評估你需要提供的訊息量。要做到構造合乎邏輯，就得先製作簡報構成圖等，並依據此圖整理你欲說明的內容。

　　此外，若你的簡報不允許失敗，也可以事前使用分歧圖，預測可能遭到反駁的項目，藉此增加該處的說明內容、加強說服力。更重要的是，透過反覆演練，磨練及提升你報告時的穩定度。我把報告前的事前準備分成「情報」、「結構」、「表達」、「磨練及提升」四大類，包含七個重點（見圖一）。

■圖一　報告前的準備事項

	類別	內容
①	情報	讓目標明確，並審慎篩選必要情報
②	結構	製作構成圖，重新整理你要表達的內容
③	結構	畫出分歧圖，思考什麼樣的說法更有說服力
④	表達	讓對方得以想像、並在腦海中產生概念
⑤	表達	配合說明對象，用不同的方法以數字說明
⑥	磨練及提升	發出聲音把資料唸出來
⑦	磨練及提升	持續調整，再次篩選對方需要的情報為何

① 讓目標明確，並審慎篩選必要情報

　　製作簡報資料前，必須讓目標明確，並審慎篩選必要情報。我過去製作某份資料前，曾跟主管開會討論，主管建議我在資料中放入十個主題。沒想到隔天交給主管審閱時，他卻表示：「這個內容不適合、這個也不行……這個還可以，這個也許值得討論。」最後他判斷這十個主題中，有六個必須捨棄。

　　我忍不住問他：「這份資料我準備很久，我實在不懂為何要一口氣刪除六個？」

　　主管回答：「董事長明天也會出席這場會議，他的時間很寶貴，參考價值不高的主題早點刪除比較好。你目前留下的四個主題是最有價值的情報，集中火力在這四點上就好。把其他六個不重要的主題拿掉之後，對方較能聚焦在你有價值的情報上，對你的評價也會比較高。」

　　之後主管又說：「不過，我的判斷也不一定準確，如果這六個主題中有你覺得值得保留的部分，你可以加入至最終版的報告裡。但不要在第一次提案時就一口氣提這麼多。」

　　當時我才了解，配合對方需求、選擇情報訊息非常重要。如果參與會議的主要對象，是必須詳細掌握現場銷售狀況的財務主管，這十個主題也許都值得提供給他參考。然而，對於不需知道太多細節的董事長而言，如果我未先篩選報告主題，就會使得會議效益變差。透過這樣的經驗，我終於體會到，製作簡報資料前讓目標明確，並審慎篩選必要情報的重要性。

② 製作構成圖，重新整理你要表達的內容

當你越努力準備簡報或會議資料，預備報告的內容就會越來越多。但任何會議都一定有時間限制，為此，我會透過簡報構成圖來整理報告內容，努力讓自己在既定的時間內，完成簡單易懂的情報傳達。

過去我曾以「今後會計人員必須具備的能力」為主題，舉辦一場「會計人員一定要知道的損益表分析及簡報技巧」研討會。當時我想傳達的內容很多，遲遲不知如何篩選。後來我做了如圖一的簡報構成圖，一面對照流程、一面整理報告內容，終於能在時間內完成簡報。以下將詳細說明我的操作方法。

■圖一　今後會計人員必須具備的能力

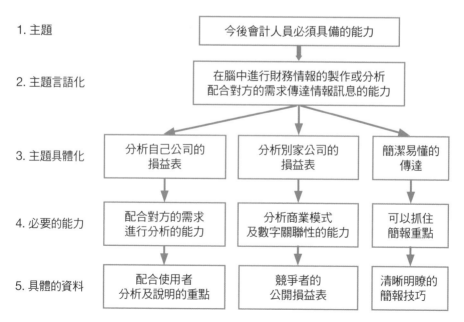

　　首先，在「主題」中寫上「今後會計人員必須具備的能力」。接著，試著用口語的方式解釋此主題，並把這句話寫在「主題言語化」中。最後，思考要實現此主題，需要具備哪些具體的內容，並把你的想法寫在「主題具體化」裡。

　　寫好「主題具體化」後，接著思考「必要的能力」應包含哪些。例如，會計師必須到客戶公司作業，因此需要「配合對方的需求進行分析的能力」。最後，在「具體的資料」中，決定「配合使用者分析及說明」等項目，再透過簡報作業系統（如 PowerPoint ）製作投影片、並從中摘錄出研討會資料（即投影片的目錄）（見圖二）。

■圖二　研討會資料（投影片目錄）

目錄

1 開始
1.1 今後會計人員必須具備的能力
1.2 製作簡報的重點

2 配合使用者分析及說明
2.1 向經營者說明的重點
2.2 向銀行職員說明的重點
2.3 向會計師說明的重點

3 分析別家公司的損益表
3.1 分析別家公司情報的優點
3.2 拿到別家公司情報訊息的方法
3.3 使用有價證券報告書做損益表的訓練
3.4 分析麥當勞的商業模式
3.5 現金流量表

4 清晰明瞭的簡報技巧
4.1 簡單易懂的傳達的技巧
4.2 將想要傳達的內容構造化
4.3 配合目標對象努力傳達數字的方法
4.4 製作有說服力的說明
4.5 觀看損益說明會的資料（動畫）

如果像這樣一邊製作構成圖、一邊整理你想傳達的內容，就能完成合乎邏輯的資料。同時，當你在簡報資料的最前端放入構成圖，聽眾就能在一開始就掌握全貌，更容易理解後續的各項要點。

③ 畫出分歧圖，思考什麼樣的說法更有說服力

企業為了成長，必須投資設備、廠房，或採取併購（Mergers and acquisitions，簡稱 M&A）等方式進行事業投資，例如日本軟銀併購了斯普林特公司（Sprint Corporation）、三得利（SUNTORY）併購了美國知名酒業金賓公司（Beam Inc）等。企業在投資或併購前，一般都會評估投資獲利，但未來的事充滿不確定性，誰也不知道最終結果是好是壞。

在說明不確定因素時，為了回應對手提出的各項異議，你必須做好充分準備。為此，我會一面畫出分歧圖，找出簡報時可能被提出異議之處，並針對各項內容備妥答案。以下就利用「說明 A 公司的價值，判斷該公司是否值得投資」為例，告訴大家如何製作具有說服力的簡報內容。

經過計算，A 公司的價值預估大約有 100 億，但我不會直接帶過就算了，而會向聽眾說明此數字的來源為何。

A 公司的預估價值約為 100 億。100 億這個數字，是依據五年事業計畫，以折扣率 5% 計算而來的。

※就算不了解「事業計畫」及「折扣率」為何也無妨，此處要向各位說明如何回覆對方的異議。

1.找出可能遭受異議之處

> A 公司的預估價值約為 100 億。100 億這個數字，是依據<u>五年</u>事業計
> 畫，以折扣率<u>5%</u> 計算而來的。

首先要找出可能遭受異議之處。這次的結論是「A 公司的預估
價值約為 100 億」，前提條件為「五年」或「5%」等數字。這兩個
數字是從各種可能性中選出來的最合理數值，但由於還有其他選項
存在，這部分應該最容易遭人非議。

2.畫出分歧圖，找出可能被人反駁的內容

找出可能遭受異議之處後，接著要一邊畫出分歧圖、一邊找出
可能會被他人反駁的內容（見圖一）。計算 A 公司價值的前提條
件，除了設定事業計畫為五年以外，也可以是三年或七年。同時折
扣率也可能不是 5%，而是 3% 或 7%，或其他更多可能，但如果假
設過多，只會讓情況變得更複雜，因此以下就先討論這三種。

■圖一　畫出分歧圖，找出可能被人反駁的內容

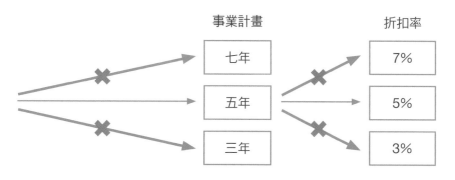

3.先行說服，讓所有人都站在你這邊

　　找出可能被人反駁的內容後，就要設法杜絕各種被反駁的可能。此時，「先行說服」是最高指導原則。別忘了，你的目的是讓聽眾全力支持你的論點（意即讓人接受「五年事業計畫」及「5%折扣率」是最合理的選擇）。如果是我，會事先向聽眾闡述下列觀點，以增加說服力。

　　「我把事業計畫設定為五年的理由，是因為如果用三年來預估這樁生意可帶來的利潤，時間太短，但現代商場上的變化太過劇烈，用七年預估則又顯得過長。在這樣的考量下，我認為以五年事業計畫進行預估最為恰當。」

　　在對方提出疑義前，搶先說明你把事業計畫設定為五年的理由非常重要。在對方發問前就先行說服，即使原本有所保留的人，也會因為這種先入為主的心理暗示，而傾向你的立場。

　　說明至此，要先暫停一下，觀察聽眾臉上是否已露出接受的表情。如果臺下出現無法接受的氣氛，就要針對你的論點更加詳細的說明。等眾人都接受「事業計畫設定為五年最為恰當」之後，再接著說明「折扣率設定為 5%」的根據。

　　「我們不久前才收購 B 公司，該公司與這次的 A 公司規模相同，商業模式也很接近。當初我們用評估 5% 折扣率估算 B 公司的企業價值，因此這次的 A 公司，我認為同樣採用 5% 的折扣率會比較適當。

折扣率雖然也可用 3% 或是 7% 計算，但 3% 的折扣率，大多用在生意非常穩定且風險較低的企業，這次的 A 公司並非這樣的情況。而 7% 通常用在預估高風險的生意價值上，同樣的，A 公司也並未出現這種風險。在這樣的考量下，我認為採用 5% 折扣率最為適當。」

同樣的道理，在對方發問前就先行說服，並以簡單易懂的數字說明你的想法，由於數據最為客觀，而非你的個人意見，此舉能夠有效緩和討論氣氛，並提升聽眾接受度。

此時請各位注意，由於人們大多只相信自認合理、自己可以接受的內容。因此討論時的氣氛非常關鍵，當大部分的人都覺得「這個數字怪怪的」，就會產生群眾效應，最後每個人都會跳出來反對你。以簡單易懂的數據，不著痕跡的先行說服，就能成功避免這種窘境。

總而言之，在上場前先畫出分歧圖，思考什麼樣的說法更有說服力，可幫助你釐清各種可能。你也有可能在這場「個人的會前會」上有翻盤性的新發現（例如 A 公司的企業價值，其實較適合以三年事業計畫及 3% 折扣率評估）。

④ 讓對方得以想像、並在腦海中產生概念

要對背景不同的人，說明複雜的內容是一件很困難的事。過去我曾協助某家創投公司準備股票上市，儘管我自認盡心盡力，卻老

是被該公司董事長指責：「我聽不懂你在講什麼，請用我能理解的方式說明」。

反省過後，我才發現自己沒有充分考慮對方的背景。創投公司的董事長也許只懂投資專業，對於會計上的知識可能很貧乏。

之後，在下一次的月損益表說明會上，我改變了說法：「借貸對照表上的機械設備 800 萬元，就是去年 9 月用 1,000 萬購買的那件設備。差額的 200 萬，已用攤提折舊的名目計算到損益表上了」、「借貸對照表上的應收帳款金額比平常還高，但是下個月 3 日會回收，所以基本上沒有太大問題」，以對方能聽懂的方式，簡單說明實際商業行為與損益表上的數字關聯。

會後，該公司的董事長大力讚賞：「你這次的說明方式非常容易了解，我終於聽得懂了。」也因為這個契機，後來當有經營者找我討論各種問題時。我會盡量說得簡單易懂，讓對方得以想像，並在腦海中產生概念。

⑤ 配合說明對象，用不同的方法以數字說明

以數字說明你的想法雖然客觀易懂，但使用的數字若過於複雜，往往會成為溝通的障礙。因此，就算是相同的內容，也要配合說明對象的需求，以不同的方式傳達。以下就用雅虎（YAHOO）2004～2011年的 ROE（Return On Equity，股東權益報酬率，又稱股權收益率）及預估當期淨利為例，向各位介紹，如何依照不同的對象調整說明方式。

1.對象為一般人的簡報

　　資料當中的情報越多，就得花越長的時間才能消化。因此，在一般的簡報中，可以如圖一一樣，刪除與論點無關的數字，直接製成圖表。如此一來，閱覽者不需要逐一比對複雜的財務相關指標（見圖一下半的表格），光是從圖一的「柱狀＋折線圖表」，就可一眼看出，當期純利潤雖然連續七年成長，但 ROE 卻連年下滑。

■圖一　對象為一般人的簡報

ROE及當期淨利預估

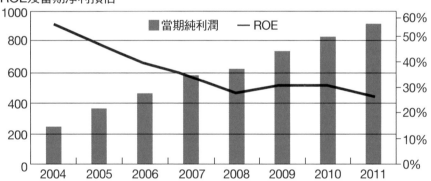

財務相關指標　　　　　　　　　　　　　　　　　　（單位：億日圓）

	2004年3月	2005年3月	2006年3月	2007年3月	2008年3月	2009年3月	2010年3月	2011年3月
營業額	758	1,178	1,737	2,126	2,620	2,658	2,799	2,924
淨收益	248	365	471	580	626	747	835	922
股東權益	598	961	1,425	1,907	2,481	2,341	3,096	3,823
股東權益報酬率（ROE）	55.0%	46.9%	39.5%	34.8%	28.5%	31.0%	30.7%	26.6%

　　這種不讓閱覽者在簡報上，看到論點以外多餘數字的手法，正是日本軟銀董事長孫正義經常使用的技巧（後段將詳細介紹）。

2. 對象為會計師或分析師的簡報

接著要說明，對象為會計師或分析師等，擅長數字分析者的簡報方式。當我閱讀圖一的資料時，會先從「柱狀＋折線圖表」理解訊息內容，之後再依據各項與財務相關的指標，逐一分析各項預估數字。雅虎在這段期間的 ROE 雖然整體大幅減少，但在 2008 年到 2009 年之間 ROE 卻微幅增加，我會很好奇這背後的原因。因此，除了 ROE 以外，我也想看一下這段期間 ROA（Return On Assets，資產報酬率）的動向為何。

看完上述的思考過程後，大家可以得知，若你的對象是擅長數字分析的人，不能光是使用圖表，最好能搭配各項數字及指標確實說明（見圖二）。

從圖二的兩張表格中可以看見，2008 年 3 月到 2009 年 3 月期間，ROE 及 ROA 都呈現上升的趨勢。其中最大的原因是 2009 年 3 月季度，因為取得庫藏股 816 億元，作為計算 ROE 的分母的股東權

■圖二　對象為會計師或分析師的簡報

ROE 及 ROA 的動向

	2004年3月	2005年3月	2006年3月	2007年3月	2008年3月	2009年3月	2010年3月	2011年3月
股東權益報酬率（ROE）	55.0%	46.9%	39.5%	34.8%	28.5%	31.0%	30.7%	26.6%
資產報酬率（ROA）	63.5%	56.7%	49.7%	40.4%	35.3%	39.0%	39.3%	36.0%

財務相關指標　　　　　　　　　　　　　　　　　　（單位：億日圓）

	2004年3月	2005年3月	2006年3月	2007年3月	2008年3月	2009年3月	2010年3月	2011年3月
營業額	758	1,178	1,737	2,126	2,620	2,658	2,799	2,924
淨收益	248	365	471	580	626	747	835	922
股東權益	598	961	1,425	1,907	2,481	2,341	3,096	3,823
資產	824	1,302	1,910	3,184	3,697	3,116	4,183	4,717
股東權益比率	72.6%	73.8%	74.6%	59.9%	67.1%	75.2%	74.0%	81.1%
現金及現金同等品	396	690	980	752	1,130	370	1,383	1,867

※2009年3月季度，取得庫藏股816億元。

益，及計算ROA的分母的平均資產總值受到壓縮因而上升。同時，因為取得庫藏股需要現金，我們可以看到現金及現金同等品的數字，從2008年3月的1,130億，大幅減少至2009年3月的370億元。

　　若你無法在事前得知聽眾是否擅長數字分析，最好的辦法就是同時準備好圖一及圖二兩種資料，當對方提出較為專業的會計問題時，就能隨時拿出來補充說明。

⑥ 發出聲音把資料唸出來

　　就算事前準備得再充分，到了實際說明時，總是會因為緊張、生澀，而導致吃螺絲（講話結巴不流暢）或是詞不達意的狀況。

　　為避免這種窘境。我在把資料完成到某個程度後，就會實際發出聲音，在自己房間大聲演練。這麼做的好處除了可增加熟悉度外，還可練習分配時間（重要度較高的部分，需多花時間仔細說明；而重要度較低的部分，可以簡單快速帶過），並想像對方會提出什麼樣的問題、預先演練回答方式等。

　　請各位注意，簡報資料大多著重於視覺內容傳達，要將之轉換成口頭報告，往往遠比想像中困難。因此，為了避免詞窮或超時報告，上場前必須重複發出聲音，把資料唸出來，讓報告更加流暢。

⑦ 持續調整，再次篩選對方需要的情報為何

　　完成前述①～⑥的準備後，你的簡報大致上不會有問題了。但若能透過反覆演練，或是利用每次上場後所獲得的回饋，持續修改

你的簡報，你的表達能力將快速進步。

例如，我還記得自己第一次向經營者說明當月損益表時，由於不知道對方的會計底子有多少，我在說明的當下，只能從對方的表情判斷「這部分好像比較容易了解，可以講快一點」、「這段好像有點難，我可能要說慢一點」，藉由這些臨場體驗，我便能不斷修正簡報方式，對方需要的就多講一些，聽不懂的就放慢速度、或是換個說法，大概經過二至三次的調整後，就可找出最理想的做法。

若要我以會計師的身分提出簡報上的建議，我會希望各位注意時間掌握，由於大多數的經營者都很忙，若你能用最短的時間把簡報說得簡單易懂，就很容易被對方誇讚：「你每次都可以快速抓出重點，而且講得很清楚，我每個月都很期待聽你分析我公司的損益報告。」這不正是會計師最大的成就感嗎？

2 用案例來學習

前一節已向各位介紹，各項報告前的準備重點，本節將透過每月損益表的案例分析，帶大家實際演練如何清楚、簡單的說明你的報表。此案例分析的內容如下表所示。

	類別	內容
①	情報	依據增減狀況分析、確認數字
②	情報	擷取說明重點
③	情報	蒐集資料，佐證你的論點
④	結構，表達，磨練及提升	事前演練並製作補充資料
⑤	磨練及提升	正式上場

首先，依據增減狀況分析、確認數字，同時找出損益表上的大量數字中，有哪些是必須說明的重點。擷取出重點後，接著要蒐集資料，佐證你的論點，讓架構更具邏輯性。再來要進行演練、決定說明的先後順序，同時可以下點功夫，使用圖表等，讓聽眾更容易理解你想傳達的訊息。最後，使用①～④準備的資料，在正式的月損益報告會上提出報告。

① 依據增減狀況分析、確認數字

當月損益數字大致確定後，就可著手製作損益預估表，以確認各項數字是否正確。此時請務必遵循「由大到小」的順序，先確認合計數字，再分析個別數字，並優先處理變動較大的數據。以下就

以 A 公司為例，分析借貸對照表中的流動資產，以及損益表中的營業額及銷售成本。

　　首先我們分析借貸對照表的數字（見圖一）。2015 年 10 月 A 公司的流動資產是 1,225 萬，但到了 2015 年 11 月，卻增加了 220 萬，變成 1,445 萬。細看主要明細，會發現活期存款減少了 100 萬，應收帳款增加為 700 萬，商品減少了 90 萬。其中最值得注意及分析的，是應收帳款從 350 萬倍增為 700 萬這點。

■圖一　A公司借貸對照表的流動資產

（單位：萬日圓）

會計編碼	會計科目	2015年10月	2015年11月	增減	增減率
100	零用金	15	15	0	0%
110	活期存款	500	400	(100)	-20%
124	應收帳款	350	700	350	100%
130	商品	240	150	(90)	-38%
131	預付款	30	50	20	67%
141	逾期帳款	50	70	20	40%
143	暫付款	50	70	20	40%
151	備抵呆帳	(10)	(10)	0	0%
流動資產合計		1,225	1,445	220	18%

　　接著來看損益表中的數字（見圖二）。營業額數字，從 10 月的 300 萬增加了 250 萬，變成 11 月的 550 萬。而銷售成本更從 180 萬增加 95 萬，變成 275 萬。因為上述這兩項的變動，營業毛利也從 120 萬增加了 155 萬，變成 275 萬元。營業毛利率也從 40% 大增為 50%。

■圖二　A公司的損益表

（單位：萬日圓）

會計編碼	會計科目	2015年10月	2015年11月	增減	增減率
200	營業額合計	300	550	250	83%
220	銷售成本合計	180	275	95	53%
240	營業毛利	120	275	155	129%

	毛利率	40%	50%		

分析完 A 公司的借貸對照表及損益表後，再來要比較兩者中較有關聯的會計科目數字。各位可以發現應收帳款增加了 350 萬，但營業額卻只增加了 250 萬。應收帳款比實際營業額增加更多，這表示應收帳款沒有如期回收的可能性很高。

增減分析的重點，在於先分析借貸對照表的數字、找出問題點後，再分析損益表上的數字。以 A 公司為例，光看損益表的數字，你只會發現營業額及毛利的數字約為倍數成長，並不會發現任何問題。但如果仔細比對損益表和借貸對照表的數字，就會發現應收帳款可能沒有如期回收的問題。

② 擷取說明重點

前文提過，分析報表時，人們會特別注意數字變動較大的部分。因此，以這次的例子來說，借貸對照表中的活期存款及應收帳款，以及損益表中的營業額及營業毛利的變動，就是需要特別說明的重點。

③ 蒐集資料，佐證你的論點

　　會計部門可以分析數字變動，卻無法了解變動的真正原因。為此，我們可以先詢問業務部門，了解應收帳款的餘額明細，並以此為佐證（見圖三）。

■圖三　應收帳款明細表

（單位：萬日圓）

客戶公司名	2015年10月	2015年11月	增減
G公司	150	300	150
H公司	50	150	100
X公司	100	150	50
Y公司	50	50	0
Z公司	0	50	50
合計	350	700	350

（1）H公司
　　在2015年10月底所銷售的商品中，有50萬是公司出貨數與H公司點收數有差異所致，因此對方尚未付款。11月時又新增了100萬欠款，現在這個問題已經解決，H公司預定在2015年12月底，會將150萬的商品欠款全額匯款給我們。

（2）Y公司
　　2015年10月底的應收帳款為50萬，原本預定11月底回收，但Y公司的現金管理出現問題，提出延後付款的申請。目前我們已經停止出貨給Y公司，並與Y公司協商帳款回收的方式。

（3）Z公司
　　該公司為新開發的客戶，在11月有50萬的營業額。

此外，關於營業額明細，跟業務部確認之後，如下所示（見圖四及圖五）。

■圖四　營業額明細

（單位：萬日圓）

商品名	2015年10月	2015年11月	增減
A商品	100	400	300
B商品	50	50	0
C商品	150	100	(50)
合計	300	550	250

■圖五　營業毛利分析資料

（單位：萬日圓）

2015年10月				
商品名	營業額	銷售成本	營業毛利	營業毛利率
A商品	100	40	60	60%
B商品	50	40	10	20%
C商品	150	100	50	33%
合計	300	180	120	40%

（單位：萬日圓）

2015年11月				
商品名	營業額	銷售成本	營業毛利	營業毛利率
A商品	400	160	240	60%
B商品	50	40	10	20%
C商品	100	75	25	25%
合計	550	275	275	50%

（1）營業額分析
2015 年 10 月的營業額為 300 萬，11 月的營業額為 550 萬，增加 250 萬。其中增減明細是 A 商品的營業額增加 300 萬，C 商品的營業額減少了 50 萬。

（2）營業毛利率分析
2015 年 10 月的營業毛利為 120 萬，11 月為 275 萬，增加了 155 萬。毛利大增的理由，是毛利率高的 A 商品的營業額從 100 萬大幅增加為 400 萬，毛利率也從 10 月的 40% 大幅成長為 50%。

④ 事前演練並製作補充資料

決定好報告內容後，為了在限制時間內讓人瞬間秒懂，你必須事前先演練。並在演練時決定說明順序，或額外補充更多資料，好讓聽眾深入了解你的想法。

1.決定報告內容的順序

在月損益報告會上簡報的內容，主要是說明借貸對照表及損益表上的各項數字，以及應收帳款增加的原因、營業額及營業毛利的分析。說明的流程，可以在一開始先說明借貸對照表及損益表的內容，讓聽者先理解並掌握公司的全體數字動向，接著再個別說明應收帳款或營業額等事項。

2.視情況額外製作補充資料

說明營業額時，如果數字表格不易閱覽，可以額外將之製成圖六的營業額構成比例，以圓餅圖的方式呈現。

■圖六　以圓餅圖呈現營業額構成比例

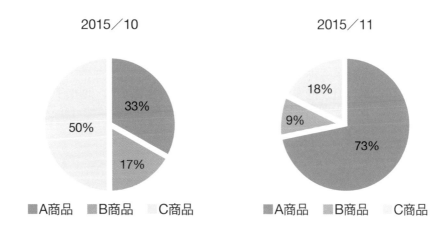

⑤ 正式上場

接著，我們要使用準備好的資料，在會議上進行簡報，上述步驟①～④的說明，可作為各位正式上場時的內容參考。

再次提醒大家，閱讀報表時，人們會注意數字變動較大的部分，剛開始得先分析、確認各項數據的增減狀況，藉此決定報告時的順序（變動大的先講）、擷取出說明的重點；之後蒐集資料，以佐證你的論點，再依序製作簡報資料。將一切都準備完成之後，就可正式上場。

上臺報告並不是一件容易的事，剛開始一定都不太順利，只要多注意聽眾的表情或其他肢體語言的回饋，並於每次簡報後回頭確認（錄影後重看、尋求聽眾回饋等）、調整自己的報告方式，最後一定能完成讓人瞬間秒懂的簡報。

3 一流日商、外商的報表釋例

　　各位若上網瀏覽各家上市企業的官方網站，應該不難發現，每家企業無不卯足了勁兒，致力於官網上展現自家強項，並說明自己可提供投資者及利害關係人何種優渥條件，這是企業與投資者之間重要的溝通方式之一。

　　一般的上市企業都會成立「投資人關係部門」，負責企業與資本市場的溝通，包括舉辦法人說明會（以下簡稱法說會）、統整發布重大資訊、股東意見蒐集與回覆、資本市場與股東結構分析、各類企業財務暨營運報告編譯等。而擔任「投資人關係顧問」的工作者，則會秉持財務金融分析、證券法規與活動企畫等專業，協助企業客戶經營完善的投資人關係，目的為促進企業和投資人有效的雙向溝通，進而提升企業在資本市場中之價值。

　　在本書的最後，我會介紹 5 家擅於傳達自家強項的日商企業，透過他們的 IR 簡報，向各位說明一家公司如何有效的對外招攬投資者上門。

---

① 日本軟銀：用簡單的簡報資料說故事
② 樂天：用英語策略擴大事業版圖
③ 任天堂：僅用純文字就能詳細說明內容
④ Recruit：使用易懂的圖表說明商業模式
⑤ LAWSON：在報告書中呈現可循環的企業價值

---

① 日本軟銀：用簡單的簡報資料說故事

一般公司的法說會，大多直接把資料唸過一次就結束了，但在日本軟銀就是不一樣，除了孫正義董事長很會說故事之外，他還會在投影片上下功夫，企圖加深聽眾的視覺印象（見下頁圖一）。

某次，當孫董事長說明自家公司在移動通訊事業的營業毛利時，他提到：「敝公司收購日本沃達豐（Vodafone Japan）已經九年（按：該公司於2006年被軟銀收購），在這九年之間，我們已創造出九倍以上的營業毛利。當初決定收購該公司時，曾有很多人質疑：『為何軟銀要跨進已經飽和的行動電話市場？』但在我看來，這其實是敝公司跨入行動網路的一大契機。」

各位注意到了嗎？孫董事長並非簡單的說明業績數字，更利用這次公開談話的機會，生動述說了自己對於整體企業的熱情與夢想，成功呈現了一場讓人回味無窮的商務簡報。

之後，他為了證明自家行動通訊事業發展順利，還提供了消費者新購手機數量持續增加的圖表（見下頁圖二）。

軟銀的簡報資料將重點放在「如何將欲傳達的訊息，以最簡單易懂的方式讓人理解」。至於詳細的數字，則另外記載在說明會上發放的財務業績或資產負債表裡。軟銀的 IR 網站上有孫董事長簡報時的影片，有興趣的人不妨自行觀賞。

日本軟銀公司的 IR 網站

■圖一　營業毛利發展

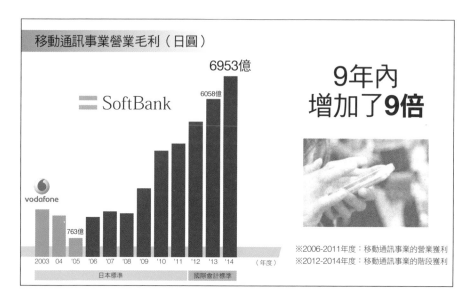

■圖二　手機新增購買數

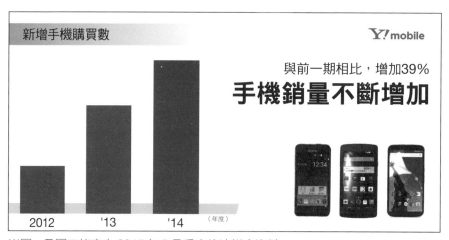

※圖一及圖二皆來自 2015 年 3 月季度的法說會資料。

② 樂天：用英語策略擴大事業版圖

　　樂天於 2012 年 7 月，規定公司內部一律使用英語溝通，這是他們進一步邁向國際化的開端。2015 年第一季的法說會上，樂天在還沒說明年度業績狀況前，就搶先發布「自家員工的 TOEIC 平均成績，已超過預訂目標的 800 分」的消息（見下頁圖一）。而規定公司內部共通語言為英語後，不論是雇用外籍研發人員，或是展開海外事業時，員工們優異的英語能力都發揮了極大的作用。

　　樂天在法說會的最開始，會使用動畫（包含日語及英語兩種版本）說明整場說明會的流程及重點，之後再由董事長三木谷浩史以英文進行簡報。此外，樂天的簡報資料也有日文與英文兩種，想增進自己商用英語能力的人，可對照第 223 頁圖二及圖三兩種版本的簡報。

樂天：給投資者的情報（日文版）

樂天：給投資者的情報（英文版）

■圖一　樂天公司員工 TOEIC 得分發展

■圖二　樂天移動通訊的簡報（原為日文版）

樂天移動通訊

自從「樂天咖啡」開始接受手機申辦後，手機產品線的類別增加。
我們更提供業界最便宜的數據SIM，帶動Q1/15的新辦客戶大幅成長。

每月月租金（單位：日圓）

	基本 方案	3.1GB 方案	5GB 方案	10GB 方案
通話SIM	1250	1600	2150	2960
NEW! 數據SIM/SMS	645	1020	1570	2380
NEW! 數據SIM	525	900	1450	2260

※2015年5月7日的資料

楽®天　®Rakuten

■圖三　樂天移動通訊的簡報（英文版）

Rakuten Mobile

Opening of Rakuten Mobile counter in Rakuten Cafe, introduction of new device line-up, and start of data SIM service drove significant growth of new users.

Monthly Fee（JPY）

	Basic Plan	3.1GB Plan	5GB Plan	10GB Plan
Voice SIM	1250	1600	2150	2960
NEW! Data SIM+SMS	645	1020	1570	2380
NEW! Data SIM	525	900	1450	2260

※As of 7th May,2015

楽®天　®Rakuten

※圖一～圖三：資料來自 2015 年度第一季法說會資料。

③ 任天堂：僅用純文字就能詳細說明內容

　　許多公司的法說會簡報資料，都會開放讓投資者上網下載，但有時光看簡報資料，也不太能理解詳細內容。任天堂除了提供簡報資料，還會將法說會或經營方針說明會上的內容，以純文字格式撰寫，讓人可以深入閱讀詳盡內容（見圖一）。由此看來，任天堂的法說會也與軟銀公司一樣，都以說故事為核心，讓人不知不覺想繼續讀下去。

任天堂給持股人及投資者的情報

■圖一　任天堂公司與 DeNA 公司
　　　　業務／交換股權合作記者發表會

任天堂株式會社 **株式會社DeNA** **業務／交換股權** **合作記者發表會** 任天堂株式會社 董事長 岩田 聰 株式會社DeNA 董事長兼執行長 守安 功 Nintendo　:DeNA **任天堂與DeNA的 相遇**	**任天堂株式會社 董事長　岩田 聰：** 感謝大家今天齊聚在這裡。 我是任天堂公司的董事長岩田。在我身邊的這位是DeNA的守安董事長，今天我們將一起說明兩家公司各自發表的業務合作／資本合作計畫。 **岩田：** 我與守安先生第一次會面，是在2010年6月。 那時候他問我：「可不可以提供任天堂IP給夢寶谷（譯註：Mobage，是日本的行動電話入口網站和社群網頁，由DeNA營運）？」雙方就此展開互動。 由於守安先生相當期待能和任天堂合作，滿懷著高度熱情持續與我對談，雙方的交流也日趨頻繁。 面對現在大環境的改變，我相信兩家公司的合作，在雙方的國際化業務上，必定能發揮加分的效用。因此在我與守安先生對談後，兩家公司的幾位主要人員也開始密切接觸。相信未來我們兩家公司結盟發展之後，必定能活用彼此的強項，帶來極佳的效益。

※資料來源：https://www.nintendo.co.jp/corporate/release/2015/150317/index.html

④ Recruit：使用易懂的圖表說明商業模式

公司的事業領域越廣，就越不容易說明自家的商業模式。Recruit（瑞可利，日本四大人力資源集團之一）旗下，擁有提供結婚情報的雜誌《Zexy》、住宿及飯店預約網站「Jalan」、美食情報「HOT PEPPER」、專供求職、轉職的「rikunabi」、「rikunabi NEXT」等訊息網站，同時也經營「Recruit Staffing Co.,Ltd」及「Staffservice」等人力仲介服務。若把上述事業分開來，各位大概對每一個都不陌生，但對於 Recruit 這間公司而言，我們可能很難在第一時間就意識到，該公司究竟在商場上採用何種戰略。

在 Recruit 的官方網站上，可看到該公司透過圖片（見下頁圖一及圖二），說明自家的事業結構，讓人一眼就能了解他們的企業理念。其實不光是事業結構，Recruit 在法說會上的簡報資料，也做得非常簡單易懂，值得大家參考（見下方連結）。

Recruit的事業群

Recruit投資者情報（英文版）

■圖一　Recruit 的事業結構1

事業結構

我們提供將人與人相互連結的場所

我們有兩種客群。第一種是「顧客」（消費者），也就是利用 Recruit 集團旗下各種情報網站或雜誌的使用者。另一種則是想傳達各項情報給消費者的「客戶」（商家）。Recruit的職責，是在顧客與客戶之間，也就是企業與人（B to C），企業與企業（B to B），人與人（C to C）等所有的角色中間，提供對雙方而言最適切的匹配場所。

自創業以來，敝公司始終堅持一個信念，那就是「尊重每一個人不同的生活方式及價值觀，創造得以實現的富足社會」。

■圖二　Recruit 的事業結構2

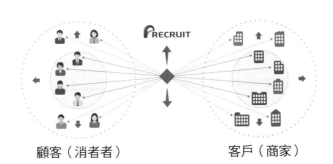

顧客（消者者）　　　　　客戶（商家）

不論對誰而言，人生就是自己最大的舞臺。在這個舞臺，存在許多可能左右未來，必須審慎選擇的重大決定（例如轉職換跑道）。同時也存在無數個日常生活中的微小選擇（例如「今天要吃什麼」）。

我們希望能在人們必須做選擇的時候，提供具有參考價值的情報、對社會有所貢獻，Recruit就是在這樣的想法下誕生的。從找工作（人力資源）出發，至今已擴增到升學、住宅、旅行、汽車、結婚、美食、美容、看護、生活風格等領域。

Recruit 站在顧客與客戶之間，不管時代怎麼變遷，都不會改變忠實守候的決心。我們提供顧客情報，讓各位可以「我想和那個人一樣，過著那樣的人生」。之後，我們的客戶，則會為了滿足顧客的選擇，而讓生意蓬勃發展。Recruit 可透過媒介，達成買家、賣家雙贏的局面，構築這樣的環境就是我們的責任。

因此，Recruit 必須先站在顧客的角度，提供高品質的情報；或協助顧客創造就業機會，並透過創造正確的市場規則，期許自己隨時都能提供最新、最快的情報。

註：圖一及圖二為Recruit 2017年時的網頁內容，2021年的事業結構可掃描第225頁的QR Code查看。

⑤ LAWSON：在報告書中呈現可循環的企業價值

最後，我要介紹在日本尚未普及，在歐洲卻十分受到注目的「綜合報告書」。企業為了提供具參考價值的情報給投資家，以協助他們下決策，多數企業都會提供年報或是 CSR 報告（企業社會責任報告書）。但當情報過載，反而更難從中找出有助投資判斷的資料。因此，投資家開始要求企業，以簡潔的方式說明增加企業價值的要因。

為了因應這樣的要求，企業會透過各式嚴選的財務情報與非財務情報，製作可清楚呈現企業價值創造過程的綜合報告。在日本，LAWSON（羅森超商）、武田藥品工業，三菱商事及歐姆龍健康事業（OMRON）都會製作這樣的報告書。

其中，羅森的綜合報告書中，簡潔說明了「我們希望將這座『大家一起生活的城市』變得更加幸福」的企業理念（見圖一），該公司在因應地區社會需求之餘，同時也致力於提升企業價值的狀況，有興趣的人不妨參考下方連結。

LAWSON的 IR 網頁（持股人及投資家情報）

■圖一　LAWSON的企業價值循環創造

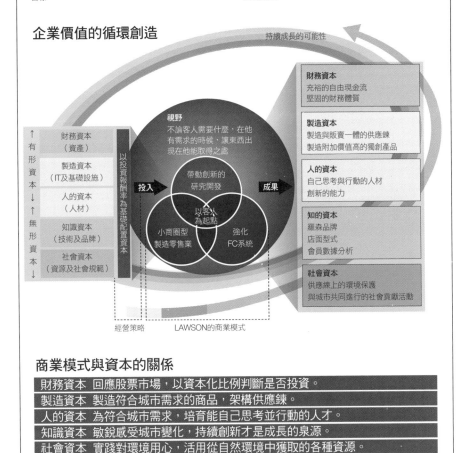

從資本配置最適化的經營策略、以顧客為起點的商業模式出發，持續努力創造企業價值

企業價值的循環創造，是從最適當的經營策略及商業模式的組合中所衍生而來的。我們以符合當下的經營策略為基礎，妥善配置各項物品或金錢等，各種財務報表中的「有形資本」及代表人的「無形資本」，以實現高資本效率為目標。

同時，我們也以顧客為起點。從包括「帶動創新的研究開發」、「小商圈型製造零售業」及「進化的FC系統」組成的商業模式中，獲得比投入資本更多的附加價值。不只在集團內部，我們還要實現可回饋社會資本的「企業價值循環創造」。

企業價值的循環創造

※以上資料來自《LAWSON 2014年綜合報告書》。

後記
見樹又見林的工作技術

　　我在 PwC 裡所學到的各種工作技巧中，最受用的就是將個別訊息（有如獨立生長的樹木），與整體訊息（有如一片茂密的森林）互相比較，從中整理出有條理的情報系統。換句話說，這是一種「見樹又見林」的工作技術。

　　在製作複雜的 Excel 報表之前，我會先畫出工作簿構成圖；使用 PowerPoint 系統製作資料，或是利用 Word 檔案寫草稿時，我也會利用構成圖或列出條例（目錄）來彙整內容。此外，先將龐雜的訊息以樹狀圖整理，之後要修改就能一目了然，在我撰寫這本書時，上述技巧也發揮了作用。

　　這本書最初的企畫構想是「讓會計作業更有效率的 Excel 技巧」。一開始我畫了一張企畫構成圖（見下頁圖一）向出版社提報，但責任編輯召集了幾位社會新鮮人討論過後，提出了「如果這本書能教你用各種取巧的方式快速完成工作，應該會更有趣」的意見，因此全書定位就此變更成「大師級 Excel 取巧工作術」。

　　在我剛開始修正原稿時，最先調整的是如同「森林」的整體構造。我把原本只有兩部分的內容，重新拆解為三部分（見下頁圖二），拆解之後，每部的主題變得更加明確，整份企畫案也更容易理解。

■圖一　本書原始企畫案

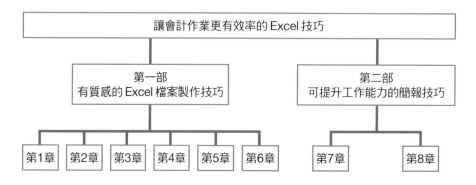

■圖二　修正過後的企畫案

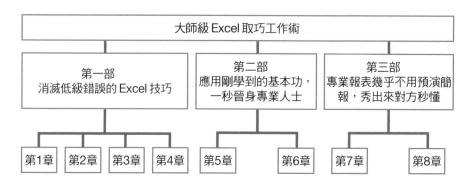

　　想以簡單易懂的方式表達你的想法，最重要的是將每一篇獨立的章節（樹木），持續與有如森林的整體架構修正、比對。我每寫完一個段落，就會使用 Word 檔的目錄功能，再三確認整體的構成，確認自己沒有偏離主題。這樣的作業重複了好幾次，才終於把樹木與森林整合起來，完成了這本簡單易懂的著作。

　　這本書能夠誕生，我要特別感謝以下幾位人士。渡邊高子、野中僚太、太田尚吾、福田夏生、川元崇裕、小池殊央、井澤麻美、三木孝則、出版製作人今屋理香，以及編輯的鶴田寬之、美術設計彎田昭彥、坪井朋子，如果沒有各位的建議與指教，相信我無法完成這本書。

　　最後，我要感謝各位讀完本書，在此獻上最誠摯的謝意。

國家圖書館出版品預行編目（CIP）資料

大師級 Excel 取巧工作術：一秒搞定搬、找、換、改、抄，資料分析一鍵結果就出來，對方秒懂、服你專業。／望月實、花房幸範著；邱惠悠譯-- 二版. -- 臺北市：大是文化有限公司；2021.09
240面；17×23公分.（Biz；371）
譯自：数字のプロ・公認会計士がやっている 一生使えるエクセル仕事術
ISBN 978-986-0742-72-5（平裝）

1. EXCEL（電腦程式）

312.49E9   110010902

Biz 371

大師級 Excel 取巧工作術
一秒搞定搬、找、換、改、抄，資料分析一鍵結果就出來，對方秒懂、服你專業。

作　　者／望月實、花房幸範
譯　　者／邱惠悠
責任編輯／宋方儀
美術編輯／林彥君
副總編輯／顏惠君
總 編 輯／吳依瑋
發 行 人／徐仲秋
會　　計／許鳳雪
版權專員／劉宗德
版權經理／郝麗珍
行銷企畫／徐千晴
業務助理／李秀蕙
業務專員／馬絮盈、留婉茹
業務經理／林裕安
總 經 理／陳絜吾

出 版 者／大是文化有限公司
　　　　　臺北市 100 衡陽路 7 號 8 樓
　　　　　編輯部電話：（02）23757911
　　　　　購書相關諮詢請洽：（02）23757911 分機 122
　　　　　24 小時讀者服務傳真：（02）23756999
　　　　　讀者服務 E-mail：haom@ms28.hinet.net
郵政劃撥帳號／19983366　戶名／大是文化有限公司

法律顧問／永然聯合法律事務所
香港發行／豐達出版發行有限公司 Rich Publishing & Distribution Ltd
香港柴灣永泰道 70 號柴灣工業城第 2 期 1805 室
Unit 1805, Ph .2, Chai Wan Ind City, 70 Wing Tai Rd, Chai Wan, Hong Kong
電話：21726513　傳真：21724355
E-mail：cary@subseasy.com.hk

封面設計／走路花工作室
內頁排版／江慧雯
印　　刷／緯峰印刷股份有限公司
初版日期／2017年2月
二版日期／2021年9月
定　　價／380元（缺頁或裝訂錯誤的書，請寄回更換）
I S B N　978-986-0742-72-5
電子書ISBN／9789860742541（PDF）
　　　　　　9789860742534（EPUB）

Printed in Taiwan